Mathematik muss kein nerviges und sperriges Zahlenwerk sein, mit dem sich Schüler, Lehrer, Eltern und wir alle immer wieder abquälen – eigentlich kommen ihre Grundlagen ja aus dem praktischen Alltagsleben, und die Beschäftigung damit kann richtig Spaß machen. Das beweist Christoph Drösser in diesem Buch, das zum Bestseller wurde. Viele der grundlegenden mathematischen Verfahren und Operationen sind einmal entstanden, um ganz praktische Probleme zu lösen. Christoph Drösser nutzt dies aus und erklärt gängige Rechenverfahren wie den Dreisatz, die Bruchrechnung oder die Wahrscheinlichkeitsrechnung anhand von einleuchtenden und oft überraschenden Alltagsbeispielen.

«So hätte uns der Schulunterricht gefallen: Mathe als Lösung für drängende Fragen …» *Chrismon*

Christoph Drösser, geboren 1958, studierte in Bonn Mathematik und Philosophie. Er ist Redakteur im Ressort Wissen bei der «Zeit». Von 2004 bis 2006 entwickelte er als Chefredakteur das Magazin «Zeit Wissen». 2005 kürte ihn das Medium-Magazin zum «Wissenschaftsjournalisten des Jahres». Bekannt wurde er durch seine «Zeit»-Kolumne «Stimmt's?» und die daraus entstandenen Bücher. Zuletzt bei Rowohlt erschienen: *Hast du Töne? Warum wir alle musikalisch sind* (2009), *Stimmt's? Das große Buch der modernen Legenden* (2010), *Der Physikverführer* (2010) und *Der Musikverführer* (2011).

CHRISTOPH DRÖSSER

DER MATHEMATIK-VERFÜHRER

ZAHLENSPIELE FÜR ALLE LEBENSLAGEN

ROWOHLT TASCHENBUCH VERLAG

For Andrea,
my lucky number

Einmalige Sonderausgabe Mai 2012

Veröffentlicht im Rowohlt Taschenbuch Verlag, Reinbek bei Hamburg, Dezember 2008

Umschlaggestaltung: ZERO Werbeagentur, München
(Illustration: Jana Bischoff für FinePic München)
Typographie und Layout nach Kurt Blank-Markard
Satz Minion PostScript (InDesign) bei
Pinkuin Satz und Datentechnik, Berlin
Druck und Bindung GGP Media GmbH, Pößneck
Printed in Germany
ISBN 978 3 499 62984 6

FSC www.fsc.org
MIX
Papier aus verantwortungsvollen Quellen
FSC® C014496

Das für dieses Buch verwendete FSC®-zertifizierte Papier *Holmen Book Cream* liefert Holmen, Schweden.

INHALT

satz-Rechnung ist sogar schon einmal eine Frau gescheitert, Marilyn vos Savant, die als intelligenteste Frau der Welt gilt. Sie hatte sich mit Hühnern vertan. Aber das war in Wahrheit eine Denksportaufgabe. **27**

DURCHSCHNITTSVERDIENER

ODER AB DURCH DIE MITTE Gehaltsverhandlungen in der Firma Bauner Elektronik. Die Mitarbeiter verdienen im Schnitt 2850 Euro. Zu wenig, findet der Betriebsrat und fordert Nachbesserung. Denn der Durchschnittsverdienst in der Branche liegt bei 3000 Euro. Doch was genau beschreibt der Durchschnitt eigentlich? Verdient der «typische» Mitarbeiter bei Bauner 2850 Euro? Nein, die meisten bekommen deutlich weniger. **35**

DAS HEIRATSPROBLEM

ODER … OB SICH NICHT DOCH WAS BESSERES FINDET Marina ist eine begehrenswerte Frau. Gerade hat Karsten ihr einen Heiratsantrag gemacht. Ganz romantisch. Doch Marina zögert. Nicht zum ersten Mal. Es könnte ja noch ein Besserer kommen. Klarer Fall von Traumprinz-Syndrom, meint ihre Freundin. Dabei lässt sich die Wahrscheinlichkeit sogar berechnen, welcher Bewerber aus einer bestimmten Anzahl von Interessenten der beste sein dürfte. Eine mathematische Liebeshilfe. **47**

DER ERRECHNETE WAHLSIEG

ODER WENIGER IST MANCHMAL MEHR Dicke Luft in Hoppenstadt. Da wegen einer Gebietsreform die Wahlkreise neu zugeschnitten werden müssen, sieht die Bürgerpartei ihre Chancen schwinden. Da ist Kreativität gefordert. Denn es ist durchaus möglich, mit weniger Stimmen mehr Mandate zu erringen. Ebenso ist es möglich, durch zu viele Stimmen

neun Städte den kürzesten Weg? Prinzipiell ist es einfach, das sogenannte Problem des Handlungsreisenden zu lösen, aber tatsächlich ist es schwieriger als erwartet. Für eine Rundtour durch neun Städte beispielsweise gibt es 20 160 mögliche Routen. Da ist der Routenplaner schnell überfordert und eine Optimierungsstrategie gefragt. **152**

IN DEN STRASSEN VON MANHATTAN
ODER PYTHAGORAS VOR GERICHT In der Nähe einer Schule wird ein Drogendealer festgenommen. Aber wie nah genau? Denn davon hängt ab, ob sein Verbrechen vor Gericht als «besonders schwerer Fall» gilt. Anstatt vor Ort nachzumessen, genügt der Staatsanwältin ein Stadtplan und der Satz des Pythagoras – der vielleicht bekannteste Satz der Mathematik. **165**

KLINGENDE MATHEMATIK
ODER DER JOHANN-SEBASTIAN-CODE Als der Musiktheoretiker Andreas Werckmeister eine neue Art der Klavierstimmung entwickelte, war Johann Sebastian Bach begeistert und schrieb gleich ein ganzes Klavierwerk für die «wohltemperierte» Stimmung. Und nicht nur das. Auf dem Titelblatt seines Werkes, das will der Pianist Bradley Lehmann 2005 herausgefunden haben, hat er zugleich den mathematischen Code für diese Stimmung festgehalten. **175**

ALLES FLIESST?
ODER BANKRÄUBER IM STAU 55 000 Euro in kleinen Scheinen auf der Rückbank des gestohlenen BMW – und nichts geht mehr. Manni und Harry stehen im Stau, während die Polizei übers Radio schon die Fahrzeugbeschreibung durchgibt. Ja, der Verkehrsfluss ist scheinbar unberechenbar – und lässt sich doch berechnen. Zwar sind lineare Gleichungssysteme

KEINE ANGST VOR GROSSEN ZAHLEN

ODER SECHS MOLEKÜLE VON GOETHE

«Die Mathematik als Fachgebiet ist so ernst, dass man keine Gelegenheit versäumen sollte, sie unterhaltsamer zu gestalten.»
Blaise Pascal (1623–1662)

«Mehr Licht!», soll Johann Wolfgang von Goethe gesagt haben, bevor er seinen letzten Atemzug tat. Dann entschlief der große deutsche Dichter.

Der letzte Atemzug Goethes – gewiss ein kostbarer Hauch für eingefleischte Fans des Geheimrats (und vielleicht eine unappetitliche Vorstellung für andere). Aber wo ist er hin? Ist in der Luft, die wir hier und heute in unsere Lungen ziehen, ein Molekül enthalten, das Goethe einmal ausgeatmet hat? Vielleicht sogar eines aus diesem einen, letzten Atemzug?

Man kann über so eine Frage ins Philosophieren verfallen. Oder aber ins Rechnen. Die wenigsten Leute kommen auf die letztere Idee – dabei ist die Sache gar nicht so schwierig, wenn man ein paar grundlegende Zahlenwerte kennt.

Manche erinnern sich vielleicht noch aus der Schule an die Einheit «Mol». Ein Mol eines Stoffes ist eine Menge von $6 \cdot 10^{23}$ Molekülen. Also 600 000 000 000 000 000 000 000 Moleküle. Solche Einheiten braucht man im Umgang mit diesen winzigen Bausteinen der Materie.

Für Gase aller Art gilt: Bei normalem atmosphärischem Druck hat ein Mol des Gases ein Volumen von etwa 25 Litern. Ein Atemzug – zum Beispiel der letzte von Goethe – hat etwa ein

Volumen von einem Liter, enthält also ein fünfundzwanzigstel Mol oder $2{,}4 \cdot 10^{22}$ Moleküle. Wir atmen im Durchschnitt vielleicht 20-mal pro Minute, das macht in 83 Jahren (so alt wurde Goethe) $20 \cdot 60 \cdot 24 \cdot 365 \cdot 83 = 872\,496\,000$ Atemzüge – oder aber $2 \cdot 10^{31}$ Moleküle. (Hier steckt schon mal eine grobe Vereinfachung drin: Sicher hat Goethe eine Menge der Moleküle zweimal ein- und ausgeatmet, insbesondere wenn nachts das Fenster geschlossen war).

Man kann davon ausgehen, dass sich die Luft in unserer Atmosphäre seit Goethes Tod sehr gut durchmischt hat und deshalb in jedem Liter Luft etwa gleich viele Goethe-Moleküle enthalten sind. Wie viel Luft enthält die Atmosphäre? Ihre Masse, das habe ich irgendwo nachgelesen, beträgt $5 \cdot 10^{21}$ Gramm. Ein Mol Luft wiegt etwa 30 Gramm. Das macht also $5 \cdot 10^{21} : 30 = 1{,}7 \cdot 10^{20}$ Mol Luft – oder auch die unvorstellbar große Zahl von 10^{44} Molekülen.

Nun haben wir alle Zahlen zusammen für die finale Rechnung: Wir dividieren die Zahl aller Luftmoleküle durch die Zahl der Goethe-Moleküle und erhalten: Eines von $5 \cdot 10^{12}$ (oder 5 Billionen) Luftmolekülen hat Goethe irgendwann mal geatmet, eines von $4 \cdot 10^{21}$ Molekülen war sogar in jenem letzten Atemzug. Da wir, wie schon Goethe, mit jedem Atemzug $2{,}4 \cdot 10^{22}$ Moleküle einatmen, sind darunter im Durchschnitt 5 Milliarden Moleküle, die Goethe irgendwann einmal geatmet hat – und 6 Moleküle aus dem Atemzug, mit dem der Dichter sein Leben aushauchte. Im Durchschnitt. Auf ähnliche Weise kann man übrigens die Zahl der Moleküle in einem Glas Wasser berechnen, die irgendwann einmal durch Goethes Körper gegangen sind.

Sechs Moleküle aus Goethes letztem Hauch in jedem Liter Luft, den wir einatmen! Da atmet man gleich sehr viel ehrfürchtiger. Zwar ist die ganze Rechnung eine ziemliche Spinnerei. Ich habe sehr grobe Schätzungen vorgenommen und das Ergebnis bei jedem Schritt großzügig auf- oder abgerundet. Aber darum geht es gar nicht. Gefragt war hier nach der Größenordnung: Ob es plausibel ist, dass wir ständig Goethe-Moleküle einatmen. Und das ist es offenbar – egal ob es nun 6 sind oder 2 oder 20.

Die Fragestellung ist natürlich völlig irrelevant, aber die Beschäftigung mit solchen Zahlen gibt uns ein Gefühl für Größenordnungen. Und ein solches Gefühl zu haben ist wichtig, spätestens wenn es um Geld geht: Es ist eben nicht egal, ob man 100 oder 10 000 Euro ausgibt. Wir hatten einmal einen Wirtschaftsminister, der auf die Frage eines Reporters, wie viele Nullen eine Milliarde hat, raten musste: «Ach du lieber Gott! Sieben? Acht?» Es sind neun, Herr Bangemann!

Nun kann es jedem einmal die Sprache verschlagen, wenn er plötzlich eine Fernsehkamera oder ein Mikrofon auf sich gerichtet sieht. Ein bisschen Bedenkzeit muss schon erlaubt sein. Aber vielen Politikern muss man leider zutrauen, dass sie es tatsächlich nicht wissen. Und trotzdem täglich über Beträge mit sieben, acht oder neun Nullen entscheiden.

Auch wenn wir ständig in den Nachrichten mit Berichten über Milliarden-Beträge überschüttet werden – ein richtiges Gefühl dafür, wie groß so eine Milliarde ist, haben die wenigsten Menschen. Psychologen haben das Verhältnis der Menschen zum Geld untersucht und festgestellt, dass sie bis etwa 500 000 (damals waren es noch D-Mark) noch eine sinnliche Vorstellung von der Höhe der Beträge haben («Eigenheim» antworten sie auf die Frage, was man dafür kaufen kann), aber dann hört es auf. Ein Minister mag dafür kämpfen, in diesem Jahr einen Etat von 21 Milliarden Euro zu bekommen, weil es letztes Jahr 20 Milliarden waren – aber ob er sich den Betrag wirklich vorstellen kann, darf man getrost bezweifeln.

Aber auch wenn große Zahlen das sinnlich Fassbare oft übersteigen, ist es nicht nur für Minister sinnvoll, den Umgang mit ihnen zu üben, um sie auf Plausibilität überprüfen zu können, indem man sie mit anderen, bekannten Größen vergleicht. Das Rechnen mit ihnen ist eigentlich genauso einfach wie das Rechnen mit kleineren Zahlen, wie man an dem Goethe-Beispiel sehen konnte (dabei waren die Exponenten sehr nützlich: Näheres dazu steht im Anhang auf S. 223).

Ein Beispiel zum Thema Geld: Nehmen wir an, der Vorstandsvorsitzende der Deutschen Bank, Josef Ackermann, sitzt an seinem Computer und arbeitet. Da erspäht er vor der Tür seines Büros einen 5-Euro-Schein auf dem Gang, den jemand verloren hat. Lohnt es sich für Ackermann, aufzustehen und den Geldschein aufzuheben? Dabei nehmen wir an, dass er in der Zeit, die er nicht am Computer sitzt, kein Geld verdient (was natürlich Unsinn ist). Die Frage ist also eigentlich: Wie lange muss Herr Ackermann für 5 Euro arbeiten? Schätzen Sie erst einmal, bevor Sie es ausrechnen!

Im Jahr 2006 hat Ackermann etwa 12 Millionen Euro verdient. Das ist eine Menge Geld. Wir nehmen zu seinen Gunsten an, dass er dafür pro Woche 60 Stunden gearbeitet und keinen Urlaub genommen hat. Dann ergibt sich, bei 52 Wochen, ein Stundenlohn von 3846 Euro. Runden wir die Zahl noch einmal ab und sagen 3600 Euro. Das heißt: Jede Sekunde verdient Josef Ackermann einen Euro. Damit es sich lohnt, den 5-Euro-Schein aufzuheben, darf die Aktion also nicht länger als 5 Sekunden dauern. Sputen Sie sich, Herr Direktor!

Ein anderer Vergleich, der verdeutlicht, wie viel unsere Spitzenmanager verdienen: Herr Ackermann muss 345 Sekunden oder knapp 6 Minuten arbeiten, bis er den Hartz-IV-Regelsatz von 345 Euro beisammen hat. Apropos Hartz IV: Schätzen Sie doch bitte noch einmal, wie viele Hartz-IV-Empfänger man für den Preis eines Eurofighters ein Jahr lang mit dem Regelsatz versorgen kann? 180, 1800 oder 18000?

Ein Eurofighter kostet den Steuerzahler 75 Millionen Euro. Geteilt durch den Regelsatz, geteilt durch 12 – macht ungefähr 18 000. Das ist die Zahl sämtlicher Hartz-IV-Empfänger in einer Stadt wie Bochum. Nun gut, das kann man nicht gegeneinander aufrechnen. So ein Jet muss ja auch sein. Deutschland hat aber nicht einen dieser Flieger bestellt, sondern 180.
Man kann gewiss politisch argumentieren, dass diese Rechnung demagogisch sei und Äpfel mit Birnen vergleiche. Dass wir die modernen Kampfjets zu unserer Verteidigung dringend bräuchten und der Preis gerechtfertigt sei. Das mag ja vielleicht so sein, die Rechnung stimmt aber trotzdem. Und wer sich für derartige Investitionen einsetzt, der darf nicht nur qualitativ argumentieren («Wir brauchen das, weil ...»), sondern sollte auch quantitativ überzeugen: «Wir können uns diese Ausgabe leisten.» Und dann muss er sich auf einen entsprechenden Äpfel-Birnen-Vergleich einlassen, weil jeder Euro eben nur einmal ausgegeben werden kann.

MUT ZUR UNGENAUIGKEIT Stellen Sie sich – noch ein Beispiel – folgendes Spiel vor: Jemand hat am Rand der Autobahn von Hamburg nach Berlin eine zwei Zentimeter breite und zwei Meter hohe Latte in den Boden geschlagen. Irgendwo zwischen Hamburg und Berlin, Sie haben keine Ahnung, wo. Sie fahren die Strecke nachts mit dem Auto und haben eine Pistole dabei. Zu einem beliebigen Zeitpunkt, den Sie frei wählen können, kurbeln Sie die Fensterscheibe herunter und schießen in Richtung Straßenrand. Einmal. Wenn Sie die Latte treffen, haben Sie gewonnen.
Würden Sie auch nur einen Euro auf dieses Spiel wetten, selbst wenn der Gewinn im Fall eines Treffers eine Million betrüge? Nein? Genau das machen aber Millionen von Menschen jede Woche, wenn sie einen Lottoschein ausfüllen. Die Chance, sechs Richtige zu tippen, ist nämlich genauso groß wie die

Aussicht des nächtlichen Schützen, die Latte zu treffen, etwa 1 zu 14 Millionen. Viel Glück weiterhin!

Wir haben auch für Wahrscheinlichkeiten nur wenig Intuition. Je nachdem, wie ein Problem formuliert ist, täuschen wir uns über unsere Chancen. Auch da hilft letztlich nur eines: Ausrechnen, zumindest überschlagsweise.

In der Schule wurde von uns erwartet, genau zu rechnen. Da genügte auf die Frage «Wie viel ist 7 mal 14?» nicht die Antwort «Ungefähr 100!» – die Lehrerin wollte die exakte Lösung hören, nämlich 98.

Für die meisten praktischen Fälle aber ist 7 mal 14 ungefähr 100, die Kreiszahl π ist 3 (statt 3,14…, siehe S. 205), die Erdbeschleunigung 10 m/s^2 (statt 9,81). Exakte Werte sind nur notwendig, wenn es auf wirkliche Präzision und feine Unterschiede ankommt. Im Sport beispielsweise wollen wir nicht wissen, ob jemand die 100 Meter in «ungefähr 10 Sekunden» gelaufen ist – da liegen zwischen 9,8 und 10,4 Sekunden ganze Klassen.

Beim Rechnen mit Größenordnungen ist Präzision dagegen oft eine Scheinpräzision. Der Statistiker Walter Krämer bringt gern das Beispiel einer Tabelle aus einer britischen Publikation, die die Zahl der zivilen Opfer des 2. Weltkriegs auflistet:

Zivilisten		
Alliierte	Großbritannien	60 595
	Belgien	90 000
	China	gewaltige Anzahl
	Dänemark	unbekannt
	Frankreich	152 000
	Niederlande	242 000
	Norwegen	3 638
	UdSSR	6 000 000
		6 548 233

Feinde	Deutschland	500 000
	Österreich	125 000
	Italien	180 000
	Japan	600 000
	Polen	5 300 000
	Jugoslawien	beträchtliche Anzahl
		6 705 000

Insbesondere die erste Tabelle ist natürlich völlig unsinnig, weil sie präzise Zahlen (Norwegen) mit ungefähren (Belgien) oder gar nicht bekannten vermischt. Bei solchen Additionen kommt immer eine scheinbar exakte Zahl heraus, die unser Vertrauen erweckt, die aber mit Sicherheit falsch ist.
Also: Haben Sie Mut zur Ungenauigkeit, solange die Größenordnung stimmt. Dann bekommen Sie mit etwas Übung das Reich der Zahlen in den Griff.

«AUSGERECHNET» Auf der Erde leben 6,5 Milliarden Menschen. Wenn sie alle dicht gedrängt nebeneinanderstünden, wie bei einem Rockkonzert – hätten sie dann auf dem Bodensee Platz? Erst schätzen, dann rechnen! (Der Bodensee hat eine Fläche von 536 Quadratkilometern.)
Auflösung unter *www.rowohlt.de/mathematikverfuehrer*

DER TANKSTELLENMÖRDER

ODER
EIN BEDINGT WAHRSCHEINLICHER TÄTER

Die Nachricht braucht zwei Stunden, um in der rheinischen Kleinstadt die Runde zu machen. «Haben Sie das mit der Inge Herkenbusch schon gehört? So ein nettes Mädchen.» Am nächsten Morgen titelt die Lokalzeitung: «Der letzte Kunde zahlt mit Mord.»

Die Zeitung geht bei der Lagebesprechung am späten Vormittag herum. Detlef Behnke, Leiter der Mordkommission, hat mit den Seiten die Überschwemmung rund um die übergelaufene Kaffeemaschine aus dem Baumarkt getrocknet. Die Seiten riechen besser, als dass sie sich entziffern lassen.

Jeder Kollege trägt seine Ergebnisse vor. Inge Herkenbusch, 28 Jahre, tritt um 20 Uhr ihren Nachtdienst in der Freien Tankstelle an der B 91 an. Feierabend wäre um 4 Uhr morgens gewesen. Die vielbefahrene Bundesstraße – beliebt als Ausweichstrecke der Autobahn – führt in Sicht- und Hörweite an der Stadt vorbei. Um 2.15 Uhr will ein Autofahrer seine 50 Liter Super plus bezahlen, er findet den Verkaufsraum menschenleer vor. Erst zwei oder drei Minuten später tritt er so dicht an die Kasse heran, dass er die Leiche hinter dem Tresen entdeckt. Über Handy alarmiert er die Polizei.

Das Opfer ist erwürgt worden. Die Kasse ist leer, der Autofahrer, der die Leiche fand, hat in einer übereifrigen Aktion in Anwesenheit der Beamten seine Taschen geleert. Er wollte seine Unschuld beweisen und zerstörte dabei womöglich wertvolle Spuren am Tatort. Beim folgenden Streit mit den

Beamten lässt sich der Autofahrer zu Bemerkungen hinreißen, die einer der Polizisten als eine auf sich gemünzte Beleidigung empfindet. Ein Verfahren dürfte folgen.

«Bleiben Sie beim Thema», mahnt Kommissar Behnke.

Im Kassencomputer hat Inge Herkenbusch seit Dienstantritt 34 Buchungen gespeichert. 28-mal ist getankt worden, davon einmal Gas. Die restlichen Buchungen betreffen Lebensmittel, Süßigkeiten (10 Rollen Mentos-Dragees der Geschmacksrichtung «fruit»!) und Zigaretten. 20-mal wurde mit Karte bezahlt, das wird von den Fahndern zurzeit abgeglichen. Die letzte Buchung stammt von 1.03 Uhr.

Wenn der Täter ein Tank-Kunde war, kann er an diesem Vormittag Hunderte von Kilometern entfernt sein oder das Ausland erreicht haben. Oder hat er nur Zigaretten gekauft? Dann könnte er in der Umgebung wohnen.

«Das ist eine müßige Diskussion», schneidet Behnke die Spekulationen seiner Mitarbeiter ab. «Wie viele Mörder hatten wir in den letzten Jahren, die vor dem Mord noch ordentlich bezahlt haben?»

Kollegin Benz mit dem Elefantengedächtnis hebt die Hand. Behnke übersieht das.

Die Spurensicherung ist bei der Arbeit. Alle bisher ausgewerteten Abdrücke an Kasse und Tresen stammen vom Mordopfer und von Kollegen – sowie von dem übereifrigen Autofahrer.

Gerade als die Runde wieder in Auflösung begriffen ist, kommt Jungkommissar Hufnagel herein, seinen abgestoßenen Kaffeebecher mit der Aufschrift «I Love Justice» in der rechten Hand. Hufnagel hat sich im Umfeld der Herkenbusch umgehört. Deren Zwei-Zimmer-Wohnung beschreibt er als piefig, zugebaut und mit acht Kissen auf dem Sofa. Inges Lebensgefährte, vier Jahre jünger und auffallend mager, erlitt einen Schock und ist noch nicht vernehmungsfähig.

«Hätte er die Kissen vor das Sofa gelegt und nicht darauf,

hätte er sich nicht so wehgetan, als er kollabierte», berichtet Hufnagel mitleidlos. Vor dem Kollaps konnte der Lebensgefährte noch mitteilen, dass Inge am Vorabend wie gewohnt mit ihrem Opel Corsa zur Arbeit gefahren sei. Niemand habe sie bedroht, auch sonst habe es keinen Ärger gegeben.

«Die führten ein Leben wie ein altes Ehepaar», erzählt Hufnagel. «Ohne Höhen, ohne Tiefen, ohne Dramen, ohne Ehrgeiz, ohne Phantasie.»

«Das sind die Fassaden, hinter denen Abgründe lauern», behauptet die Benz. Sie muss es wissen, sie stammt aus solchen Verhältnissen.

Alle Nachbarn berichten nur Gutes über das Mordopfer. Ein Nebenbuhler? Unmöglich. Schulden? Dunkle Geschäfte? Aber doch nicht die Inge.

Behnkes Leute schwärmen aus, er selbst wartet auf das Ergebnis der gerichtsmedizinischen Untersuchung. Am frühen Nachmittag meldet sich Horst Schlächter, Spezi des Kommissars seit vielen Jahren. «Auch schlechten Menschen lacht bisweilen das Glück», dröhnt Schlächter am Telefon. «Ich habe hier einen Volltreffer. Es ist nicht zur Vergewaltigung gekommen, das Opfer hat sich gewehrt, heftig gewehrt. Unter den Fingernägeln haben wir Blut gefunden, genug für eine DNA-Analyse.»

«Horst, habe ich dir schon mal gestanden, dass ich mit niemandem so gern telefoniere wie mit dir?»

«Warte ab, es kommt noch besser. Das Ergebnis habe ich mit unserer bundesweiten Datenbank für Sexualstraftäter abgeglichen.»

«Bingo?»

«Bingo! Matthias Bernsdorf, 43 Jahre, vorbestraft wegen Vergewaltigung. Hat fünf Jahre abgesessen und ist seit zwei Jahren wieder draußen. Weinst du?»

«Wenn du die Adresse hast, werde ich es tun.»

Matthias Bernsdorf ist in Köln gemeldet. Auf der Fahrt dorthin hört sich der Kommissar die Schwärmereien des jungen Wachtmeisters über die CSI-Serien im Fernsehen an. Er kennt alle drei auswendig und erklärt langatmig, warum er die aus Las Vegas am liebsten mag. Aus seinen bevorzugten Ermittlern hat er sich eine ganz persönliche CSI-Version zusammengebaut, die nur aus Frauen besteht.

«Hört sich mehr nach Erotikthriller an», wirft Behnke desinteressiert dazwischen.

Der Wachtmeister hält das nicht für einen Vorwurf. «Ich liebe es, wenn alles zusammenkommt», schwärmt er. «Die gute alte Ermittlungsarbeit mit der Faust, und auf der anderen Seite das Labor mit dem geilen blauen Licht, Pipette und das Strichmuster auf dem Gel-Streifen. Gerechtigkeit ist cool.» Er findet auch den Plan cool, die DNA aller Deutschen zu sammeln, zur Not per Zwangsgesetz. Ein Schamhaar, eine Hautschuppe, ein Tropfen Blut oder Sperma am Tatort, und der Computer spuckt den Täter aus. Behnke teilt die Begeisterung des Youngsters nicht, behält seine Bedenken jedoch für sich, weil es ihn anstrengt, mit Fortschrittsgläubigen zu diskutieren.

Die Vorortsiedlung unweit der Autobahn erfüllt alle Klischees, ebenso das Hochhaus, ebenso Matthias Bernsdorf. Jogginganzug, Badelatschen, laufender Fernseher, die Wohnung ein Chaos, und Bernsdorf flattert die Bierfahne voran. Weil dieser Kandidat nicht der Typ für lockeren Smalltalk ist, kürzt der Kommissar die Sache ab: «Wo waren Sie gestern Nacht zwischen 0 und 2 Uhr?»

«Sie meinen, nachdem ich aus der Oper raus und bevor ich im Casino aufgelaufen bin?» Bernsdorf lacht, es klingt nicht fröhlich. «Wo soll einer wie ich schon hin? Als vorbestrafter Vergewaltiger findest du seltsamerweise nur schwer Freunde. Und mit Hartz IV kannst du keine großen Sprünge machen.»

«Wird das jemand bezeugen?», fragt der Kommissar. «Wenn nicht, muss ich Sie bitten, mit uns auf die Wache zu kommen.»

«Aber was Sie mir vorwerfen, verraten Sie mir vorher doch noch, oder ?»

«Sie werden verdächtigt, gestern Abend in Greversrath die Tankstellen-Kassiererin Inge Herkenbusch getötet zu haben.»

Bernsdorf ist verblüfft. Oder täuscht er Verblüffung vor?

«Greversrath? Da war ich noch nie!», protestiert er. Der Wachtmeister tritt einen Schritt nach vorn, aber Bernsdorf leistet keinen Widerstand. Handschellen knacken, unterwegs sagt der Verhaftete: «In so einem noblen Wagen habe ich seit Jahren nicht gesessen.»

Kommissar Behnke ist ein guter Fahnder. Er hat gelernt, seinen Gefühlen zu trauen. Und ein Gefühl sagt ihm auf der Rückfahrt, dass die Verblüffung von Bernsdorf echt war. Prompt gesellt sich zum Gefühl ein handfestes Argument: Der Mann mit der Bierfahne wurde nie wegen Raub oder Diebstahl bestraft. Sein Vergewaltigungsopfer war eine 17-Jährige aus dem Bekanntenkreis – das Muster der Tat passt nicht zum Mord in der Tankstelle.

Nachdem er Bernsdorf abgeliefert hat, besucht Behnke seinen Spezi Schlächter. Der Gerichtsmediziner winkt sofort triumphierend mit seinem Bericht. «Wenn das so weitergeht, seid ihr bald überflüssig», ruft er in seiner poltrigen Art.

Behnke blättert die Seiten durch und murmelt: «Natürlich bin ich starr vor Ehrfurcht im Angesicht von so viel wissenschaftlicher Beweiskraft. Aber du weißt, dass ich meine Probleme mit 100 Prozent habe.»

Hinter Schlächter steht eine Espressomaschine. Schweizer Fabrikat, vierstelliger Preis. Behnke bemüht sich, nicht hinzusehen. Neid ist ein starkes Gefühl.

«Dieser Test der Firma Bionconvict, den wir seit neuestem hier haben, ist wirklich ein Knaller», schwärmt Schlächter.
«Bauen die auch Kaffeemaschinen?»
«Kaffeemaschinen? Nicht dass ich wüsste.»
«Dann erzähl weiter.»
«Wenn zwei Proben dasselbe DNA-Profil besitzen, erkennt der Test das praktisch mit Sicherheit. Umgekehrt, wenn die Profile verschieden sind, zeigt der Test nur in 0,001 Prozent der Fälle eine Übereinstimmung an – das ist einer von 100 000.»
«Klingt wirklich beeindruckend», erwidert Behnke. «Aber du sprichst immer von ‹DNA-Profil›. Kann es nicht sein, dass zwei Menschen ein identisches Profil haben? Dann würden wir eventuell einen Unschuldigen hinter Gitter bringen.»
«Das kommt tatsächlich vor», gibt Schlächter zu, «aber das ist noch seltener. Die Wahrscheinlichkeit, dass das DNA-Profil eines beliebigen Mannes mit der Probe vom Tatort übereinstimmt, liegt bei 0,0001 Prozent. Das heißt: einer von einer Million. Nein, nein, du kannst 100-prozentig sicher sein, dass wir den Richtigen am Haken haben. Na gut, sagen wir zu 99,99 Prozent, mit ein paar weiteren Neunen hinter dem Komma.»

STATISTIK ODER POLIZEIARBEIT? Dennoch ist Behnke nicht restlos überzeugt. Und der Kommissar tut gut daran zu zweifeln. Denn tatsächlich sind die beeindruckenden Zahlen des Gerichtsmediziners zunächst einmal nicht viel mehr als statistisches Blendwerk. Aus der «fast» 100-prozentigen Trefferquote folgt «fast» gar nichts. Es fehlt nämlich noch eine wichtige Größe, und die lässt den Fahndungserfolg in einem ganz anderen Licht erscheinen.
Ein einfacheres Beispiel aus der Polizeipraxis kann helfen, das Problem mit der «bedingten Wahrscheinlichkeit» zu erläutern: Ein Tourist beobachtet nachts in einer fremden Stadt, wie ein Taxifahrer ein parkendes Auto beschädigt und

Unfallflucht begeht. Er gibt bei der Polizei an, ein blaues Taxi erkannt zu haben. Da es in der Stadt nur zwei Taxiunternehmen gibt, eines mit blauen und eines mit grünen Autos, fällt der Verdacht sofort auf den Unternehmer mit den blauen Taxis. Aber die Polizisten wollen wissen, ob sie ihrem Zeugen trauen können. Schließlich war es dunkel, und da kann man blau und grün schon einmal verwechseln. Also führen sie am nächsten Abend unter ähnlichen Sichtverhältnissen einen Test mit dem Zeugen durch. Das Ergebnis: Mit jeweils 80-prozentiger Sicherheit identifiziert er grüne und blaue Wagen. Diese 80 Prozent sind für den Richter ein hinreichender Beweis, er verurteilt den Taxiunternehmer.
Ist das korrekte Statistik? Nein. Denn bei der Rechnung wurde nicht berücksichtigt, dass es in der Stadt 25 grüne, aber nur 5 blaue Taxis gibt. Wenn man nun die Anzahl der Taxis mit der Trefferquote des Zeugen in Verbindung bringt, lässt sich das Ergebnis in einer sogenannten Vier-Felder-Tafel darstellen:

	Zeuge: «Blaues Taxi!»	Zeuge: «Grünes Taxi!»
Taxi ist blau	4	1
Taxi ist grün	5	20

Entsprechend dem Sehtest, den die Polizei gemacht hat, irrt sich der Zeuge in 20 Prozent aller Fälle. Er bezeichnet also eines von den 5 blauen Autos als grün und 5 von 25 grünen Autos als blau. Wenn man nun alle 30 Taxis vorfahren lässt, dann wird – statistisch gesehen – der Zeuge 9-mal ein blaues erkennen. Aber in 5 von diesen 9 Fällen ist das Auto in Wahrheit grün! Wenn keine weiteren Indizienaussagen vorliegen, dann muss man die Aussage unseres Zeugen also als wertlos betrachten. Was von der Aussage eines Zeugen zu halten ist, können wir nicht schon aus seiner Wahrnehmungsfähigkeit (80 Prozent Trefferquote) schließen. Für medizinische Tests heißt das entsprechend: Wenn ein Test auf Brustkrebs oder Aids oder BSE positiv ist, dann kann man diese Aussage nur beurteilen, wenn man weiß, wie verbreitet diese Krankheiten unter den Menschen oder Tieren eines Landes sind (für Aids und Brustkrebs ist das einigermaßen bekannt, für BSE überhaupt nicht). Wenn eine Krankheit sehr selten ist, dann wird auch bei sehr guten Tests die Mehrheit der positiv Getesteten in Wirklichkeit gesund sein. Im Falle des Tankstellenmords heißt das, dass die Beweiskraft der DNA-Analyse erst zu beurteilen ist, wenn die Gesamtheit der potenziell Verdächtigen bekannt ist. Im Prinzip kommt jeder Mann in Frage, der zur Tatzeit am Tatort hätte sein können. Es gibt keinen Hinweis darauf, dass er aus der näheren Umgebung von Greversrath stammt – auf der vielbefahrenen Bundesstraße sind auch viele auswärtige Autos unterwegs. Nehmen wir hier beispielhaft einmal an, der Kreis der Verdächtigen bestehe aus 10 Millionen Männern (so viele wohnen vielleicht in einem Umkreis von 200 Kilometern um den Tatort).

Das Ergebnis lässt sich wieder mit der Vier-Felder-Tafel darstellen. Wie viele der 10 Millionen werden ein DNA-Profil haben, das mit dem am Tatort identisch ist? Zunächst mal natürlich der Täter selber. Zusätzlich aber gibt es noch zehn weitere Männer, die dasselbe Profil haben, denn «einer von einer Million», wie Horst Schlächter erklärt hat, kann ein identisches Profil aufweisen. Und weil der DNA-Test diese Übereinstimmung mit praktisch 100-prozentiger Wahrscheinlichkeit erkennt, können wir alle diese 11 Männer als positiv getestet eintragen. In die zweite Zeile kommen alle Männer, deren DNA-Profil verschieden ist von dem am Tatort gefundenen. Durch die 0,001-prozentige Fehlerquote wird aber einer von 100 000 Verdächtigen trotzdem positiv getestet, das sind bei knapp 10 Millionen Männern 100 Personen. Die restlichen bekommen das korrekte Ergebnis «nicht identisch».

	Test: «DNA-Profil identisch»	Test: «DNA-Profil nicht identisch»
DNA-Profil identisch	11	0
DNA-Profil nicht identisch	100	9 999 889

Das frappierende Resultat: Würden wir alle 10 Millionen Männer testen, so würde der Test 111-mal eine Übereinstimmung der DNA-Proben feststellen – bei einem Schuldigen und 110 Unschuldigen!

Die 100 falsch positiv Getesteten könnte man noch relativ leicht identifizieren. Bei solchen Diagnosen ist immer eine Wiederholung des Tests angesagt: So wie es nahezu unwahrscheinlich ist, zweimal hintereinander im Lotto zu gewinnen, so ist es auch nahezu unwahrscheinlich, zweimal falsch positiv getestet zu werden – statistisch passiert das nur in einem von 100 000 mal 100 000 Fällen, das ist einer von 10 Milliarden. Mit den restlichen 11 Fällen wird man aber durch noch so viel Testerei nicht fertig. Bei ihnen wird jeder Test wieder das – korrekte – positive Ergebnis liefern. Die Ermittler müssen sich also damit abfinden, dass es außer ihrem Verdächtigen möglicherweise noch 10 andere Männer gibt, von denen das Blut unter den Fingernägeln des Opfers stammen könnte. Kommissar Behnke wird wohl doch noch seine klassischen Ermittler-Methoden einsetzen müssen, um den Täter zu überführen.

«AUSGERECHNET» Eine Party. Zwei Gäste stellen fest, dass sie am selben Tag Geburtstag haben. «Was für ein Zufall!», sagt der eine. «Das würde ich nicht sagen», antwortet der andere. «Bei einer Party dieser Größe beträgt die Wahrscheinlichkeit dafür mehr als 50 Prozent.» Wie viele Gäste sind mindestens anwesend?

Auflösung unter *www.rowohlt.de/mathematikverfuehrer*

IN DREI SCHRITTEN ZUM ERFOLG

ODER AUCH GENIES KÖNNEN IRREN

Marilyn vos Savant ist die intelligenteste Frau der Welt – sagen viele. Jedenfalls stand sie jahrelang im *Guinness-Buch der Rekorde* als der Mensch mit dem höchsten je gemessenen IQ, bis diese Rubrik des Buchs abgeschafft wurde.
Die Dame hat eine wöchentliche Kolumne *(Ask Marilyn)* in dem amerikanischen Magazin *Parade*, in der sie logische Rätsel löst, aber auch philosophische Fragen beantwortet. Am berühmtesten ist ihre (korrekte) Antwort auf das «Ziegenproblem», bei dem es um die beste Wahlstrategie in einer Fernsehshow geht. Das Ziegenproblem soll hier nicht behandelt werden, aber festzuhalten ist: Marilyn vos Savant hatte recht, und Tausende Leserbriefschreiber, darunter Professoren der Mathematik, hatten unrecht.
Einmal stellte ihr ein Leser die folgende Frage: «Wenn eineinhalb Hennen in eineinhalb Tagen eineinhalb Eier legen, wie viele Hennen braucht man dann, damit in sechs Tagen sechs Eier gelegt werden?»
Die kluge Frau antwortete: «Mein Vater mochte diese Aufgabe auch, aber ich habe es damals genauso wenig verstanden wie heute: Wo ist das Problem? Ist die Antwort ‹eine Henne› zu offensichtlich? Wenn eineinhalb Hennen eineinhalb Eier legen usw., dann heißt das, dass eine Henne ein Ei pro Tag legt. Und wenn eine einzige Henne sechs Tage lang täglich ein Ei legt, dann haben wir genau sechs Eier, oder?»
Marilyn vos Savant hatte unrecht. Die Antwort «eine Henne»

ist falsch (die richtige Antwort steht weiter unten). Offenbar haben selbst die Schlauesten der Schlauen Schwierigkeiten mit der Rechenmethode, die wir in der Schule als «Dreisatz» beigebracht bekommen. Den lernt man gewöhnlich in der sechsten Klasse – aber ich bekomme immer noch Anrufe von Freunden, die mich bitten, mal «die Mehrwertsteuer rauszurechnen» aus einem Betrag. Das ist nämlich auch ein Dreisatz.

Auf einer Mathematikseite im Internet habe ich die schöne Definition gefunden: «Ein Dreisatzproblem ist dann gegeben, wenn eine Größe (die Zielgröße) antiproportional oder proportional von einer oder mehreren anderen Größen abhängt und man den Wert der Zielgröße für feste Werte der anderen Größen kennt und man nun den Zielwert für andere Werte berechnen soll.» Durchaus korrekt, der Satz, aber nicht gerade erkenntnisfördernd. Das fängt schon mit der Frage an, was denn in dem Beispiel die «Zielgröße» ist: Die Eier? Die Zahl der Hennen? Die Zeit?

Bei den einfachsten Dreisatzaufgaben hängen zwei Größen proportional zusammen – wenn die eine wächst, wächst auch die andere im gleichen Maße. Wenn zum Beispiel beim Obsthändler ein Schild an der Apfelkiste steht: «1 Kilo Äpfel 2,90 Euro», dann sind die beiden Größen «Gewicht der Äpfel» und «Preis» proportional – die doppelte Menge an Äpfeln kostet doppelt so viel, und zehnmal so viele Äpfel kosten zehnmal so viel.

Eine Dreisatzaufgabe ist dann eine mehr oder weniger verbrämte Frage nach diesem Zusammenhang:

1. «Was kosten 3 Kilo Äpfel?» Diese Frage können wahrscheinlich 90 Prozent der Bevölkerung beantworten.
2. «Was kosten 700 Gramm Äpfel?» Da wird es schon komplizierter, aber die meisten bekommen das wohl noch hin, notfalls mit Stift und Papier.

3. «Wie viele Äpfel bekomme ich für 5 Euro?» Bei dieser Aufgabe rechnet vielleicht noch die Hälfte spontan richtig.
4. Im Prinzip dieselbe Aufgabe ist die Frage: «Wenn ein Fernseher 599 Euro inklusive Mehrwertsteuer kostet, was ist dann der Nettopreis?» Aber die wird wahrscheinlich von den meisten falsch beantwortet, indem sie 19 Prozent abziehen.

Aber der Reihe nach.

1. Der einfachste Dreisatz ist ein Zweisatz:
1 Kilo Äpfel kostet 2,90 Euro.
3 Kilo Äpfel kosten 3 · 2,90 Euro, das sind 8,70 Euro.
Wenn man den Kilopreis kennt, braucht man ihn nur noch mit der Zahl der Kilos malzunehmen.
2. Der erste echte Dreisatz ist gegeben, wenn das Gewicht kein glattes Vielfaches von einem Kilo ist. Dazu braucht man, jedenfalls wenn man nach der alten Regel aus der Schule vorgeht, tatsächlich drei Sätze:
1 Kilo Äpfel kostet 2,90 Euro.
100 Gramm Äpfel kosten 2,90 / 10 Euro, das sind 0,29 Euro.
700 Gramm Äpfel kosten 0,29 · 7 Euro, das sind 2,03 Euro.
3. Wie kommt man nun auf die Apfelmenge, die man für 5 Euro erhält? Wenn man ein bisschen die Angst vor Gleichungen und Diagrammen abschüttelt, dann kann man den Zusammenhang so darstellen: Der Obsthändler hat mit seinem Schild eine Funktion definiert – aus der Kilomenge M (in Kilogramm) lässt sich der Preis P (in Euro) berechnen:

$$P = 2{,}90 \cdot M$$

Graphisch dargestellt, ergibt sich eine gerade Linie, deshalb sagt man auch, der Preis hängt linear von der Menge ab:

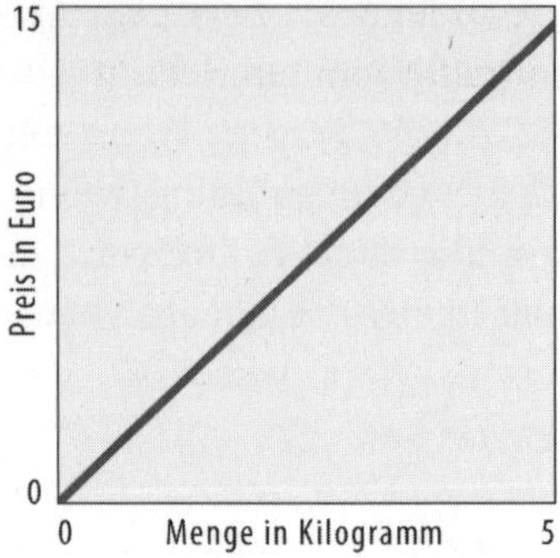

Zu jeder Menge M kann man den zugehörigen Preis ermitteln, indem man M mit 2,9 malnimmt. Dann braucht man auch gar keine drei Sätze mehr – der Preis für 700 Gramm (oder 0,7 Kilo) lässt sich dann direkt berechnen als $2{,}9 \cdot 0{,}7$.

Bei linearen Zusammenhängen kann man aber auch die umgekehrte Funktion bilden und die Menge in Abhängigkeit vom Preis berechnen. Dazu muss man nur die Gleichung nach M auflösen:

$$P = 2{,}90 \cdot M$$

$$M = \frac{P}{2{,}90} = \frac{1}{2{,}9} \cdot P$$

Die zugehörige Gerade sieht dann ganz ähnlich aus:

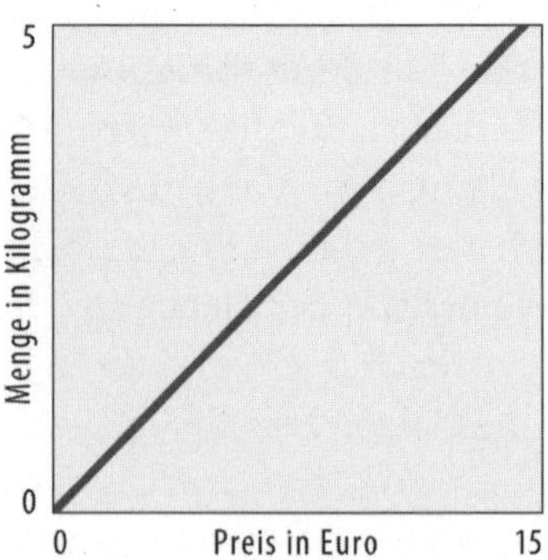

Und mit der Gleichung lässt sich zu jedem Preis ausrechnen, wie viele Äpfel man dafür bekommt. Für 5 Euro erhält man $5:2{,}9=1{,}72$ Kilogramm Äpfel.

4. Auch hinter der Mehrwertsteuer-Prozentrechnung verbirgt sich ein linearer Zusammenhang, also auch ein Dreisatz. Der Bruttopreis ist der Nettopreis plus 19 Prozent. Man kann aber auch sagen, dass er das 1,19-fache des Nettopreises ist:

$$B = 1{,}19 \cdot N$$

So kann fast jeder aus Netto auf Brutto schließen. Aber wie geht es umgekehrt? Viele rechnen so: Netto ist Brutto minus 19 Prozent, also

$$N = 0{,}81 \cdot B$$

Das ist aber falsch. Korrekt ist, die vorletzte Gleichung nach N aufzulösen, und dann ergibt sich

$$B = 1{,}19 \cdot N$$

$$N = \frac{B}{1{,}19} = \frac{1}{1{,}19} \cdot B \approx 0{,}84 \cdot B$$

Merke: Wenn man erst 19 Prozent addiert und dann 19 Prozent wieder abzieht, hat man weniger als zuvor!

MATHE IM HÜHNERSTALL Nun zu der Aufgabe, an der die IQ-Rekordhalterin gescheitert ist. Zur Erinnerung: «Wenn eineinhalb Hennen in eineinhalb Tagen eineinhalb Eier legen, wie viele Hennen braucht man dann, damit in sechs Tagen sechs Eier gelegt werden?»

Als Erstes fällt auf: Wir haben es mit drei Größen zu tun. Mit der Zahl der Hennen (H), der Zahl der Tage (T) und der Zahl der Eier (E). Natürlich gibt es keine halben Hennen oder drittel Eier, aber das soll hier nicht stören – alle drei Größen sollen kontinuierliche Werte annehmen können. Wie aber hängen die miteinander zusammen? Man kann sich mit einem Trick behelfen und eine der drei Größen konstant halten. Zum Beispiel nur einen einzigen Tag betrachten. Dann sind sicherlich *H* und *E* proportional zueinander – je mehr Hennen man hat, desto mehr Eier bekommt man.

Wenn man *H* konstant hält und nur die Eierproduktion einer einzelnen Henne betrachtet, dann sind *T* und *E* auch proportional zueinander: Je mehr Zeit man der Henne gibt, desto mehr Eier legt sie.

Anders sieht jedoch der Zusammenhang zwischen *T* und *H* aus: Wenn es um die Produktion einer vorgegebenen Menge von, sagen wir, 10 Eiern geht, dann ist die dafür benötigte Zeit umso kürzer, je größer die Schar der Hennen ist. Zeit und Hennen sind «umgekehrt proportional»: eine Größe wächst, wenn die andere schrumpft. Wenn man die Sache als Kurve darstellt, dann sieht das überhaupt nicht mehr gerade aus:

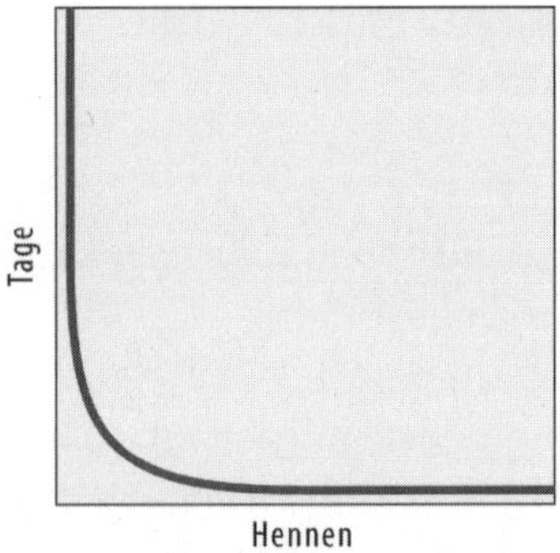

Zahlen stehen an dieser Graphik noch nicht dran, die kommen als Nächstes: *T* und *E* sind bei festem *H* proportional zueinander, das heißt: *E* ist ein Vielfaches von *T*.

$$E_H = l \cdot T$$

Das tiefgestellte *H* soll klar machen, dass wir die Sache nur für eine Henne betrachten. Das kleine *l* ist eine Konstante,

sie möge «Legekonstante» heißen – es ist nichts weiter als die Zahl der Eier, die eine Henne pro Tag legt. (In dem Beispiel ist natürlich die Leistung aller Hennen gleich.)
Das ist jetzt die Eierleistung pro Henne. Um den Gesamteierertrag zu erhalten, muss man das Ganze noch mit der Zahl der Hennen malnehmen:

$$E = l \cdot T \cdot H$$

In dieser Gleichung steckt alles drin, was die Beziehung zwischen Hennen, Eiern und Zeit beschreibt. Wir können sie zum Beispiel nach T auflösen:

$$T = \frac{E}{l \cdot H}$$

Mit dieser Gleichung beantwortet man Fragen der Art «Wie lange brauchen 12 Hennen, um 17 Eier zu legen?» Die Rätselfrage lautete aber: «Wie viele Hennen braucht man …?» Also wird die Gleichung so umgeformt, dass H auf einer Seite steht:

$$H = \frac{E}{l \cdot T}$$

Das ist die Formel für die Lösung – nur enthält sie noch eine Unbekannte, nämlich die «Legequote» *l*. Die aber steckt in der verwirrenden Information mit den anderthalb Hennen, Eiern und so weiter. Diesen Satz müssen wir schrittweise umformen, bis wir wissen, wie viele Eier eine Henne pro Tag legt:
3/2 Hennen legen in 3/2 Tagen 3/2 Eier.
Wie viele Eier legt eine Henne in derselben Zeit? Weniger! Man muss die Zahl der Eier durch 3/2 teilen, heraus kommt:
1 Henne legt in 3/2 Tagen 1 Ei.
Und wie viele Eier sind das pro Tag? Man muss nochmal durch 3/2 teilen (das ist der Schritt, den Frau vos Savant wohl übersehen hat):

1 Henne legt in 1 Tag $\frac{2}{3}$ Eier.
Das ist die Legequote *l:* $\frac{2}{3}$ Eier pro Henne und Tag. Nun kann man das in die Formel einsetzen und erhält

$$H = \frac{E}{\frac{2}{3} \cdot T} = \frac{3 \cdot E}{2 \cdot T}$$

Und da nach 6 Eiern in 6 Tagen gefragt wurde, ist die Lösung $^{18}/_{12}$ oder $^{3}/_{2}$. Anderthalb Hennen!
Diese Herleitung war zwar ein bisschen länglich, aber sie hat den Vorteil, dass man sie auf alle Dreisatzaufgaben mit umgekehrt proportionalen Größen verallgemeinern kann. Sogar wenn es um vier Größen geht, in Aufgaben wie dieser: «Wenn 2 Schneepflüge in 3 Stunden 12 Kilometer einer 4 Meter breiten Straße von Schnee befreien können, wie lange brauchen dann 10 Schneepflüge für einen Kilometer einer 12 Meter breiten?» Auflösung unter *www.rowohlt.de/mathematikverfuehrer*!
Marilyn vos Savant bekam natürlich haufenweise Leserpost auf ihre falsche Lösung hin, und sie nahm die Sache sportlich: «Erwischt, Jungs! Wer eineinhalb Hennen herausbekommen hat, hatte natürlich recht, und meine Antwort ‹eine Henne› ist falsch. Und ich dachte immer, die Sache sei bloß ein Zungenbrecher à la *How much wood would a woodchuck chuck if a woodchuck would chuck wood?* – dabei ist es tatsächlich eine Denksportaufgabe.»

«AUSGERECHNET» Zwei Gläser stehen auf dem Tisch, beide gleich groß, eines ist mit Wasser gefüllt, eines mit Whisky. Nun nimmt man einen Teelöffel voll Whisky und verrührt den gut im Wasserglas. Von der Mischung nimmt man wieder einen Teelöffel und verrührt ihn im Whiskyglas. Ist nun mehr Wasser im Whisky oder mehr Whisky im Wasser? Auflösung unter *www.rowohlt.de/mathematikverfuehrer*

DURCHSCHNITTSVERDIENER

ODER AB DURCH DIE MITTE

Furchen zwischen Nase und Mundwinkel, mahlende Kiefer und diese kuriose Kuhle oberhalb der Nasenwurzel. Der Chef steht unter Druck. Würmer lächelt zuversichtlich. Wenn der Häuptling schwächelt, muss sein bestes Pferd im Stall mit dem Schwanz wedeln.

«Setzen Sie sich», brummt Max Bauner, der Eigentümer der Firma Bauner Elektronik, seinen Geschäftsführer an. «Und genießen Sie jede Minute des Sitzens, wer weiß, wie lange wir uns noch Stühle leisten können. Es rumort.»

Würmers Lächeln gefriert. «Lassen Sie mich raten: der Betriebsrat.»

«Er behauptet, unsere Leute verdienen zu wenig», sagt Bauner.

Würmer schnaubt. «Die sind gierig», sagt er verächtlich, «ich finde, wir zahlen sehr gut und durchaus zufriedenstellend.»

«Da ist der Betriebsrat aber anderer Meinung. Wie Sie wissen, hat er Einblick in die Gehaltslisten. In der letzten Woche hat er gerechnet. Und was kam heraus? Dass unsere Mitarbeiter 2 850 Euro verdienen. Brutto. Im Schnitt. Bevor Sie mir erklären, dass das sehr gut und durchaus zufriedenstellend ist, sollten Sie besser zur Kenntnis nehmen, dass der Durchschnittsverdienst in unserer Branche bei 3 000 Euro liegt. Ich habe keine Lust, mich als Lohndrücker beschimpfen zu lassen.»

«Wäre unser allseits verehrtes Betriebsratsmitglied Frau Weise in ihrem Job stärker ausgelastet, hätte sie weniger Zeit für solche Rechnereien», knurrt Würmer.

«Irgendeiner rechnet immer. Gibt ja neuerdings sogar Bücher, in denen sie dir erklären, was hinter den verschiedenen Rechnereien steckt. Tatsache ist: Ich bin sehr am sozialen Frieden in meiner Firma interessiert. Haben Sie die Liste dabei?»
Der Geschäftsführer reicht die Liste über den Tisch, auf der die Einkommen aller Beschäftigten aufgelistet sind.
«Schau an, schau an», sagt Bauner beeindruckt. «Wir haben zehn Mitarbeiter, die 2 000 Euro im Monat verdienen. Brutto. Würden Sie damit auskommen?»
«Darum geht's doch nicht», entrüstet sich Würmer. «Das sind ungelernte Kräfte in der Montage – woanders würden die noch weniger verdienen.»
«Dann stehen hier fünf Mitarbeiter mit 2 500 Euro. Das sind wohl die in der Verwaltung.»
«Genau. Und die drei mit 3 500 sind unsere Außendienstler – die sind jeden Cent wert. Das muss der Neid ihnen lassen.»
«Ihre Stellvertreterin, Frau Kraft, bezieht 4 000 Euro. Ist das angemessen?», fragt Bauner über den Rand seiner schmalen Lesebrille.
«Wenn sie als Youngster erst zwei Jahre aus der Uni raus ist, muss sie sich schon ein bisschen im Stahlbad der betrieblichen Realitäten bewähren», doziert Würmer mit der altväterlichen Attitüde, die niemand mehr hasst als Frau Kraft.
«Donnerwetter! Und Sie selbst beziehen Monat für Monat 10 000 Euro?»
Würmer rutscht auf die Kante seines Stuhls. «Herr Bauner, ich bin Geschäftsführer eines mittelständischen Unternehmens. Ich trage Verantwortung! Ich habe unseren Umsatz in den letzten beiden Jahren um jeweils 12 Prozent vorangebracht. Ich liege mit meinem Gehalt am unteren Ende der Skala!»
In aller Ruhe widmet sich Bauner den zeitraubenden Ritualen, bevor seine Pfeife brennt. «Atmen Sie durch!», sagt er freundlich. «Sie machen unbestreitbar einen guten Job. Deshalb orga-

nisieren wir beide jetzt den Befreiungsschlag. Was können wir tun? Der Betriebsrat betont die 3000-Euro-Grenze. Wie wär's, wenn wir den armen Schluckern auf ihre 2000 jeweils 200 drauflegen? Und den Heloten aus der Verwaltung auch. Ich rechne das mal aus.» Seine Pfeife landet wie immer still und süßlich stinkend im Aschenbecher.
Als Bauner fertig ist, sieht die Aufstellung folgendermaßen aus:

ALT			**NEU**		
10 · 2000	=	20000	10 · **2200**	=	**22000**
5 · 2500	=	12500	5 · **2700**	=	**13500**
3 · 3500	=	10500	3 · 3500	=	10500
1 · 4000	=	4000	1 · 4000	=	4000
1 · 10000	=	10000	1 · 10000	=	10000
Summe		**57000**	Summe		**60000**
Durchschnitt		57000 : 20	Durchschnitt		60000 : 20
	=	**2850**		=	**3000**

Würmer studiert den Zettel. «Kann man natürlich so machen», sagte er mit leicht besserwisserischem Unterton. «Liegt nahe. Aber Sie wissen, dass es dabei nicht mit den 15-mal 200 Euro, also 3000 Euro pro Monat mehr, getan ist, oder? Dazu kommen noch die Lohnnebenkosten, die mit dem Einkommen steigen. Krankenkasse, Rentenversicherung, Arbeitslosenversicherung, Pipapo. Da kommt viel zusammen.»
Würmer zieht einen zusammengefalteten Zettel aus seinem Jackett, den er zeremoniell auseinanderfaltet. «Man könnte die Sache auch anders angehen. Wenn Sie mal schauen wollen.»
Bauner sieht sich die Aufstellung an.

ALT			**NEU**		
10 · 2000	=	20000	10 · 2000	=	20000
5 · 2500	=	12500	5 · 2500	=	12500
3 · 3500	=	10500	3 · 3500	=	10500
1 · 4000	=	4000	1 · 4000	=	4000
1 · 10000	=	10000	1 · **13000**	=	13000
Summe		57000	Summe		**60000**
Durchschnitt		57000 : 20	Durchschnitt		60000 : 20
	=	**2850**		=	**3000**

Die Männer blicken sich an. «Na, Sie sind ja ein ganz Schlauer», sagt Bauner. «Das macht eine Gehaltserhöhung von 30 Prozent. Davon haben doch die anderen nichts.»
«Ich wäre künftig 30 Prozent umgänglicher», entgegnet Würmer, dem zugleich bewusst wird, wie leicht man mit einem Scherz auf diesem moralisch verminten Gelände ausrutschen kann. Deshalb fährt er betont sachlich fort: «Für Sie wird es auf diese Weise billiger, weil ich längst nicht so hohe Lohnnebenkosten verursache. Meine private Krankenversicherung wird ja nicht teurer. Und der Effekt ist derselbe – der durchschnittliche Verdienst steigt auf 3000 Euro. Wir schlagen die zahlengläubigen Vertreter vom Betriebsrat mit den eigenen Waffen.»
«Damit bekommen wir keinen Frieden», gibt Bauner zu bedenken. «Die Mitarbeiter werden auf ihre Gehaltsabrechnung gucken und sich fragen: Wer hat denn eigentlich eine Erhöhung bekommen? Und danach werden wir eine Neiddebatte am Hals haben. Auch bekannt als das Gegenteil von Betriebsfrieden.»
«Aber so läuft das doch immer», verteidigt sich Würmer. «Das Statistische Bundesamt meldet genau solche Zahlen. Kürzlich gingen die Zahlen für 2005 durch alle Zeitungen. Danach ver-

dienen Angestellte in Deutschland im Durchschnitt 3 452 Euro brutto. Da wird doch auch alles in einen Topf geworfen – von der ungelernten Kraft bis zu höchst qualifizierten … äh … nun ja: Mitarbeitern wie mir eben.»

«Auch wieder richtig», stimmt Bauner zu. «Ich lass mir das durch den Kopf gehen. Wir sehen uns.»

Als Würmer den Raum verlassen hat, rettet der Chef seine Pfeife und beschließt, den diskreten Zuschuss zur Wohnungsmiete von Frau Kraft künftig um 200 Euro zu erhöhen. Danach studiert er die beiden Zettel auf seinem Tisch und schreibt einen dritten, auf dem sowohl die Mitarbeiter in der Montage als auch der Geschäftsführer ihre Gehaltserhöhung bekommen.

WAS DER DURCHSCHNITT BESCHREIBT Durchschnitt – das ist ein geläufiger Begriff für uns, er begegnet uns ständig im täglichen Leben: Wir berechnen die Durchschnittsnote unserer Kinder in der Schule, das Auto-Navigationssystem sagt uns, wie schnell wir im Durchschnitt gefahren sind, und die Fußball-Statistiker im Fernsehen wissen genau, wie viele Tore durchschnittlich in einer Bundesliga-Begegnung fallen.

Den Durchschnitt benutzen wir, wenn wir viele Größen auf eine einzige reduzieren wollen, und wir gehen davon aus, dass er das Geschehen ganz gut wiedergibt. Wenn wir hören, der Durchschnittsmann sei 1,78 Meter groß, dann sehen wir vor unserem inneren Auge eine gesichtslose Gestalt, die irgendwie der «typische» Bundesbürger ist.

Aber die Vorstellung, dass der Durchschnitt den «mittleren» Repräsentanten einer Gruppe beschreibt, ist falsch. Oft jedenfalls. Die Mathematiker kennen viele verschiedene Mittelwerte für eine Zahlenmenge, und je nach Situation ist eine andere angemessen. Man unterscheidet zum Beispiel das arithmetische, das geometrische, das harmonische Mittel sowie den Median.

Wenn der Laie einen Durchschnitt ermitteln soll, dann addiert er alle Zahlenwerte einer Menge und teilt sie dann durch die Zahl der Messwerte. Das ist das sogenannte arithmetische Mittel. Um das Durchschnittsgehalt in der Firma Bauner zu ermitteln, addiert man die Gehälter aller 20 Beschäftigten und teilt durch 20. Das Ergebnis: 2850 Euro. Aber verdient der «typische» Mitarbeiter bei Bauner so viel?

Als Erstes fällt natürlich auf, dass kein einziger Angestellter tatsächlich diesen Betrag verdient. Den «durchschnittlichen» Mitarbeiter gibt es also gar nicht. Das hat aber auch wohl niemand wirklich erwartet – es ist halt ein Mittelwert.

Gibt der Wert denn wenigstens das wieder, was wir uns unter einem «mittleren» Beschäftigten vorstellen? Überhaupt nicht, wie ein Blick auf das folgende Diagramm zeigt. Die Angestellten sind in der Reihenfolge ihres Gehalts verzeichnet, vom Kleinstverdiener bis zum Geschäftsführer:

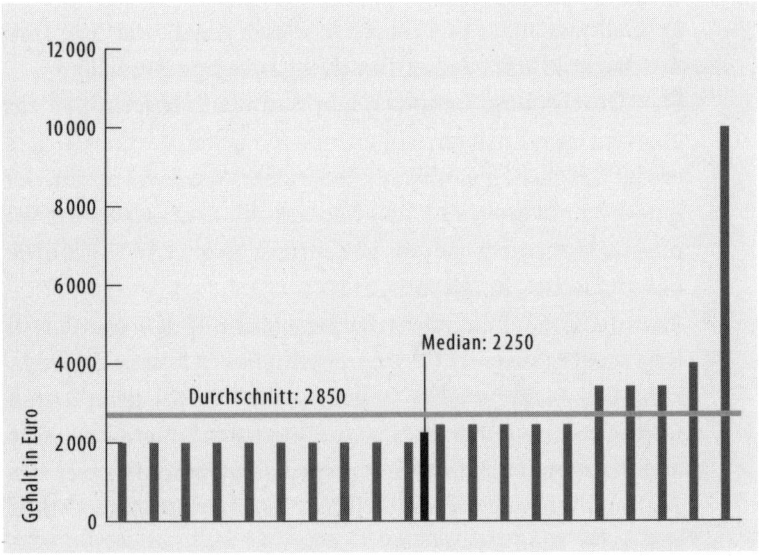

Was gleich ins Auge fällt: 15 von 20 Mitarbeitern verdienen weniger als der Durchschnitt! Wer also erwartet hat, dass der Durchschnitt die Belegschaft etwa in zwei Hälften teilt, der hat sich geirrt.

Der Grund dafür ist, dass das arithmetische Mittel sehr anfällig ist gegen «Ausreißer», also gegen einzelne Werte, die extrem vom Durchschnitt abweichen. Ein einziger Einkommensmillionär kann das Durchschnittseinkommen in einem ansonsten armen Dorf in die Höhe treiben. Eine am Durchschnitt orientierte Statistik sagt also nicht unbedingt etwas über die tatsächlichen Einkommensverhältnisse der «breiten Masse» aus.

Es gibt aber eine andere mathematische Größe, die das besser leistet: Der sogenannte Median. Zu dessen Ermittlung geht man im wahrsten Sinne des Wortes mitten ins Volk: Man sucht den «mittleren» Repräsentanten der Grundmenge aus. Der «mittlere Mitarbeiter» soll so bestimmt werden, dass die Hälfte der Kollegen mehr verdient als er und die Hälfte weniger.

Wenn die Zahl der Mitarbeiter ungerade ist, dann gibt es tatsächlich diesen einen, mittleren Kollegen. Bei 3 Mitarbeitern ist es der 2., bei 15 ist es der 8. Ist die Mitarbeiterzahl dagegen gerade, dann fällt die Mitte genau zwischen zwei Kollegen, hier zwischen Nummer 10 und Nummer 11. In diesem Fall wird der Median meist definiert als das arithmetische Mittel aus diesen beiden. In Bauners Firma ist der Median das Mittel aus Kollege 10 (2000 Euro) und Kollege 11 (2500 Euro), also 2250 Euro.

Der Median ist in diesem Fall deutlich niedriger als der Durchschnitt, und er beschreibt die Lebenswirklichkeit von drei Vierteln der Mitarbeiter erheblich besser. Außerdem ist der Median unempfindlicher gegen die beschriebenen Ausreißer. Wenn sich der Geschäftsführer Würmer seine satte

Gehaltszulage bewilligen lässt, dann steigt zwar das Durchschnittseinkommen, aber der Median ist davon völlig unbeeindruckt – er bleibt bei 2250 Euro.

Anders sieht es dagegen aus, wenn die sozialere Variante der Gehaltserhöhung gewählt wird: Der Durchschnitt steigt ebenfalls auf 3000 Euro, aber auch der Median wird größer: Kollege 10 verdient nun 2200 Euro, für Kollege 11 sind es 2700, der Median liegt in der Mitte, bei 2450 Euro.

VERTEILUNGSFRAGEN Das arithmetische Mittel ist also immer dann ein schlechter Indikator für den mittleren Wert, wenn die Verteilung der Werte stark zu einer Seite tendiert. In diesem Fall: Wenn die Zahl der «Armen» viel größer ist als die Zahl der «Reichen».

Das hält aber zum Beispiel das Statistische Bundesamt nicht davon ab, Durchschnittswerte für das Einkommen der Bundesbürger zu veröffentlichen. So verdienten Angestellte im Jahr 2005 durchschnittlich 3452 Euro brutto – und wenn sich so mancher angesichts dieser Zahl unterdurchschnittlich fühlt, dann teilt er dieses Schicksal mit der Mehrheit der Bürger.

Der Begriff des Medians lässt sich verallgemeinern, wenn man die Bevölkerung nicht in zwei Hälften teilt, sondern etwa in 10 Gruppen, die jeweils 10 Prozent der Menschen ausmachen. Das ist der Fall, wenn von sogenannten «Dezilen» die Rede ist. Im Jahr 2004 war das Nettoeinkommen der deutschen Haushalte so verteilt:

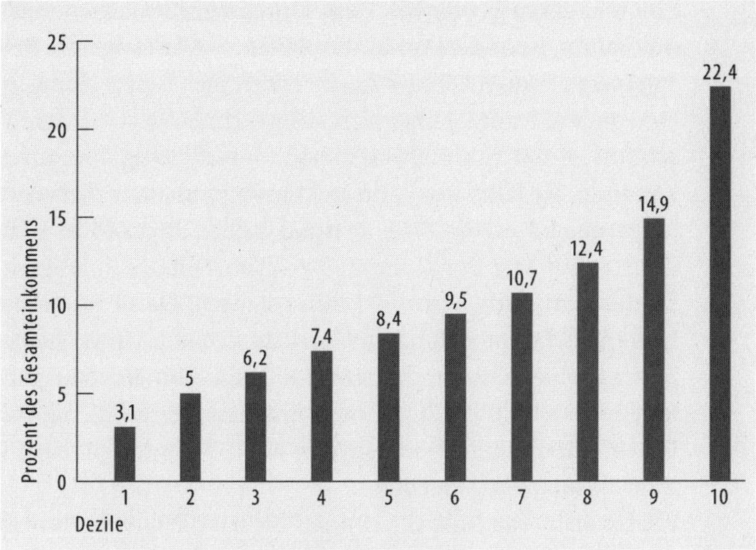

Das liest man so: Das ärmste Zehntel der Haushalte verdiente nur 3,1 Prozent des Volkseinkommens – das ist weniger als ein Drittel des Durchschnitts von 10 Prozent. Das reichste Zehntel verdiente dagegen 22,4 Prozent, also mehr als doppelt so viel wie der Durchschnitt.

Aus dem Diagramm wird auch klar: 60 Prozent der Bevölkerung hatten ein unterdurchschnittliches Einkommen, 10 Prozent verdienten etwa durchschnittlich (man müsste noch genauer unterteilen, um zu sehen, wo genau der Mittelwert liegt), und nur 30 Prozent lagen deutlich über dem Durchschnitt. Das Beispiel der Elektrofirma Bauner ist also durchaus realistisch gewählt.

Der Durchschnitt ist demnach nur dann eine aussagekräftige Größe, wenn die Datenwerte einigermaßen gleichmäßig verteilt sind. Das ist aber in der Wirklichkeit nur selten der Fall (siehe auch das Kapitel über Benfords Gesetz, S. 70). Deshalb gilt: Vorsicht, wenn jemand mit dem Mittelwert argumentiert!

Einen anderen Fehler mit dem Durchschnitt machen viele Autofahrer, wenn sie ihre Route planen, wie das folgende Beispiel zeigt: Frau Milz muss zu einer wichtigen Besprechung in eine andere Stadt. Sie hat sich ausgerechnet, dass sie durchschnittlich 100 km/h fahren muss, um rechtzeitig dort anzukommen. Sie fährt los – und steht prompt im Stau. Nervend langsam geht es vorwärts, erst auf halber Strecke löst sich der Stau auf. Der Bordcomputer zeigt an: Seit der Abfahrt ist sie durchschnittlich nur 50 km/h gefahren. Da sie noch die halbe Strecke vor sich hat, rechnet sie sich aus: Ich versuche jetzt auf einen Durchschnitt von 150 zu kommen, dann bin ich im Mittel 100 km/h gefahren und komme rechtzeitig an! Und am Ziel wundert sie sich, dass sie 40 Minuten zu spät zu ihrer Besprechung erscheint.
Wo hat sich Frau Milz verrechnet? Sie hat die Durchschnittsgeschwindigkeit auf die zurückgelegte Strecke bezogen: halbe Strecke mit 50 km/h, halbe Strecke mit 150 km/h. Wenn die Gesamtentfernung 200 Kilometer beträgt (es funktioniert genauso mit jedem anderen Wert), dann stellt sich das so dar:

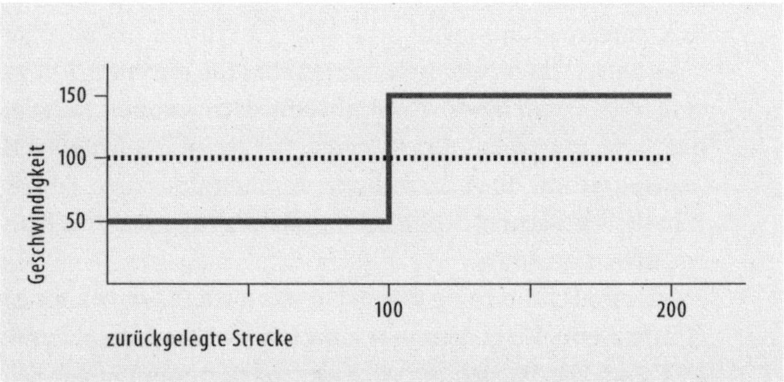

Ergibt dieser Durchschnitt irgendeinen Sinn? Wenn entlang des Wegs in regelmäßigem Abstand Radarkameras gestanden hätten, dann wäre der Durchschnittswert auf deren Blitz-Fotos tatsächlich 100 km/h gewesen.

Das ist aber nicht die Durchschnittsgeschwindigkeit, die Frau Milz im Sinn hatte: Sie wollte letztlich eine bestimmte Strecke in einer gewissen Zeit zurücklegen – und die Durchschnittsgeschwindigkeit ist die Gesamtstrecke geteilt durch die Gesamtzeit.

Wenn man das in einem Diagramm darstellen will, dann muss man den zurückgelegten Weg als Funktion der Zeit darstellen. Und dann ergibt sich ein ganz anderes Bild:

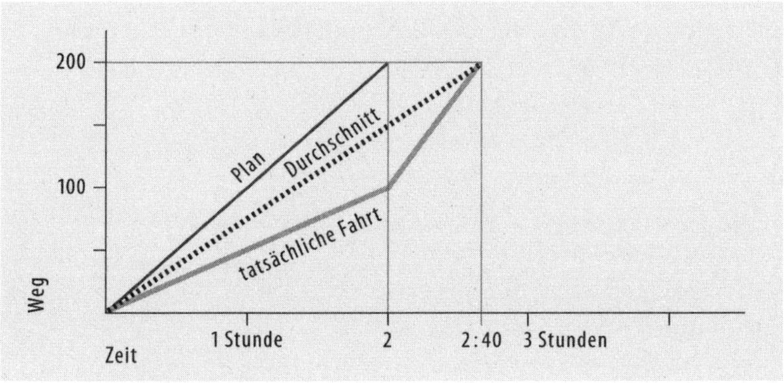

Man sieht nun:

- Frau Milz erreicht das Ziel nach 2 Stunden und 40 Minuten.
- Ihre Durchschnittsgeschwindigkeit dabei beträgt (nach der Regel «Weg durch Zeit») 75 km/h.
- Selbst wenn sie noch schneller gerast wäre, hätte sie das gewünschte Durchschnittstempo nie erreichen können. Denn wie man auf der Zeichnung sieht: Zu dem Zeitpunkt, als sie wieder freie Fahrt hatte (Knick in der Kurve), waren bereits zwei Stunden vergangen – und nach ihrer Planvorgabe hätte sie da schon am Ziel sein müssen. Nur Beamen hätte ihr in dieser Situation noch helfen können.

«AUSGERECHNET» Ein Jogger läuft eine Strecke von A nach B und wieder zurück. Auf dem Hinweg hat er Rückenwind und läuft mit einer Geschwindigkeit von 12 km/h, auf dem Rückweg weht ihm der Wind ins Gesicht, und er läuft nur 8 km/h. Wie groß ist seine Durchschnittsgeschwindigkeit? Auflösung unter *www.rowohlt.de/mathematikverfuehrer*

DAS HEIRATSPROBLEM

ODER
... OB SICH NICHT DOCH WAS BESSERES FINDET

«Er hat's getan!», jubelt Marina, noch bevor sie sich mit ihrer Freundin am Ecktisch im «Latte» ausgebreitet hat.
«Aber ihr tut es doch regelmäßig», stänkert Julia.
«Du weißt genau, was ich meine. Karsten hat mir einen Heiratsantrag gemacht. Ich dachte schon, er bringt es nicht mehr.»
Sie bestellen ohne Worte – Gnade des Stammkunden-Daseins. Marina ist aufgewühlt. «Er war ganz süß. Erst sind wir essen gegangen, ganz edel, im ‹Roten Haus›, dabei ist das zwei Nummern zu teuer für uns.»
«Da hast du wohl schon gewusst, was angesagt ist.»
«Nein, ja, ach, ich weiß auch nicht. Es war so schön. Die Teller sahen so gut aus. Selbst die Gäste sahen besser aus als anderswo. Bis zum Nachtisch hat er so getan, als wäre nichts. Aber du weißt ja: Karsten kann sich schlecht verstellen. Und dann ist er aufgestanden und hat eine richtige Rede gehalten. Dass wir jetzt schon zwei Jahre zusammen sind. Dass er die Nase voll davon hat, zwischen zwei Wohnungen zu pendeln, auch wenn wir meistens bei mir sind. Dass wir zusammen passen wie Topf und Deckel und es deshalb an der Zeit sei, jetzt den Schritt zu tun. Zuletzt kam der Kellner mit einem Blumenstrauß und Champagner.»
«Und du hast ja gesagt, und alle haben geklatscht, und ich werde deine Trauzeugin.»
«Geklatscht haben sie. Aber ich habe um eine Woche Bedenkzeit gebeten.»

Damit hat Julia nicht gerechnet. Nachdenklich zieht sie mit dem Löffel die Mundwinkel des Kakao-Smileys in die Länge, mit dem in diesem Lokal jeder Milchkaffee verziert wird. Marina spürt, wie überrascht die Freundin ist, und fängt an, wie aufgezogen zu reden. «Es ist so ein großer Schritt. Die wichtigste Entscheidung im Leben. Und ich will nur einmal heiraten, nämlich den Vater meiner beiden Kinder. Eine Woche Bedenkzeit ist doch wohl kein Drama, findest du nicht?»

«Willst du die Wahrheit hören?»

«Ich bin nicht sicher.» Marina beginnt, einen Bierdeckel zu zerkrümeln, und sagt leise: «Auf dem Weg nach Hause hat Karsten nicht viel gesagt. Streng genommen, hat er kein einziges Wort gesagt. Wir sind auch gleich schlafen gegangen. Wenn ich nicht immer so gut einschlafen würde, hätte ich gestern bestimmt lange wach gelegen.»

«Wie Karsten.»

«Wenn er mich liebt, versteht er das. Wenn ich nicht heiraten wollte, hätte ich schließlich sofort nein gesagt.»

Nicht zum ersten Mal wandert Marinas Blick zu dem Blondschopf, der an der Bar einen Espresso trinkt und ein Magazin durchblättert.

«Sehen wir es mal ganz pragmatisch», schlägt Julia vor. «Du bist jetzt 34. Okay, 33. Du kennst Karsten seit drei Jahren und lebst seit zwei Jahren mit ihm in einer festen Beziehung. Seitdem wir beide uns kennen, war für dich stets klar: Du willst heiraten und Kinder kriegen. Das ist das eine. Das andere ist: Karsten sieht gut aus, das finden alle Freundinnen …»

«… die meisten.»

«Okay, die meisten finden, dass der Bengel gut aussieht. Er hat einen guten Job, er bringt jeden Monat so viel Geld nach Hause, dass du selbst deiner besten Freundin nicht verrätst, wie viel.»

«Das musst du verstehen, das ist …»

«In Ordnung, ich bin auch kaum noch eingeschnappt. Karsten vergöttert dich, er ist eine treue Seele. Er hat, soweit bekannt, keine ekligen Krankheiten und könnte sogar ein guter Vater sein. Schnapp dir den Kerl, bevor es eine andere tut.»

«Ich finde ihn ja auch hinreißend», schwärmt Marina. «Er ist ein ganz Lieber. Der Sex ist prima. Er hilft sogar freiwillig im Haushalt mit.»

Wieder der Blick zu dem Blonden.

«Nimm's mir nicht übel, aber ich habe schon leidenschaftlichere Sätze gehört», sagt Julia. «Wenn ich mich nicht irre, sogar von dir. Was stört dich denn genau? Dass es nach drei Jahren nicht mehr so kribbelt wie nach vier Wochen, ist doch normal. Du tust so, als würdest du alle paar Monate einen Heiratsantrag kriegen.»

«Uwe hat mich auch gefragt.»

«Der Uwe? Deine erste große Liebe?»

«Mit 18 lehnt ja wohl jede ab, da hast du doch noch nichts erlebt. Christian war nicht ganz so langweilig wie Uwe, aber fürs Heiraten war er viel zu flippig. Weißt du noch, was sein Traumberuf war? Hausmann. Da vergeht dir doch alles.»

«Und Marcel, der Langweiler?»

«Der wollte auch. Aber für den war das Heiraten eine Art Vorruhestand. Wenn bei einem Mann nach zwei Monaten nur noch das Standardprogramm angesagt ist, wirst du natürlich misstrauisch. Und Lorenz …»

Julia erinnert sich gut. Acht Wochen vor dem Standesamt-Termin traf er Mona. Jetzt haben die beiden ein Endreihenhaus, zwei Autos, drei Kinder und vier Handys.

«Du bist eine schwierige Kandidatin, nicht schwer vermittelbar, aber schwer zufrieden zu stellen: klarer Fall von Traumprinz-Syndrom», behauptet Julia und bestellt zwei Kaffee, diesmal mit Brandy.

«Du denkst, ich liebe ihn nicht genug», sagt Marina wehleidig. «So ist es aber nicht. Ich denke nur manchmal …»

«Du denkst, dass nächste Woche ein Kandidat auf der Matte stehen könnte, bei dem dir die Knie weich werden – und weich bleiben.» Beide gucken zu dem Blonden an der Bar hinüber.

«Karsten ist ein Lieber», beharrt Marina trotzig, als müsse sie sich selbst überzeugen.

«Aber du hast Angst, dass deine Liebe für ihn nicht ein Leben lang reicht. Hast du ihm das so gesagt?»

«Natürlich nicht – nur angedeutet, spaßeshalber. Dass man ja dumm wäre, zu heiraten, wenn man damit eineinhalb Milliarden Männer von der Bettkante stößt.» Julia lacht, die beiden stoßen an. Der Blonde blickt herüber und gleich wieder weg.

«Den muss man sich nicht erst schöntrinken», sagt Marina mit Kennerinnenmiene.

«Wir tragen doch alle unsere biologische Uhr mit uns herum. Du hast – wie viel? – fünf Heiratsanträge bekommen. Das sind fünf mehr als ich, aber daran denken wir jetzt nicht.»

«Keinen einzigen? Und was war mit Florian? Du hast doch gesagt …»

«Manchmal lügen auch Freundinnen eben, okay? Also fünf Heiratsanträge. Meine Vermutung geht dahin, dass du nicht auf mehr als zehn kommen wirst. Wenn du zu Karsten nein sagst, wird der nächste Kandidat auch nicht hipper sein als der liebe Karsten. Dann bist du sauer, aber Karsten hat mittlerweile vier Bausparverträge, aus denen er nicht mehr rauskommt.»

«Du verstehst es, einem Mut zu machen.»

«Ich weiß eben, wie erregend es ist, jede Woche zum Speed-Blind-Date zu rennen und dann der aktuellen Pullover-Kollektion von C & A gegenüberzusitzen.»

«Ich kann doch nicht den Erstbesten …»

Julia sagt: «Willst du einen Rat von mir? Es ist der letzte für heute.»
«Wieso? Musst du zu deinem wöchentlichen Blind-Date?»
Sie kichern, sie mögen sich. Julia resümiert: «Für mich ist der Fall klar. Karsten ist es nicht, das verraten dein Zögern, deine Worte, dein Blick. Irgendetwas an ihm ist für dich zu ordentlich, anständig, bürgerlich, ohne Überraschungen. Merkst du, wie elegant ich das Wort ‹langweilig› umschiffe?»
«Ich mag ihn wirklich.»
«Es ist ja auch schwierig, solche Männer nicht zu mögen. Sie sind ideale Schwiegersöhne, aber eben keine Traummänner.»
«Ich will ihm auf keinen Fall weh tun», stellt Marina klar. «Aber ich befürchte, ich werde mir weh tun, wenn ich mich falsch entscheide. Was passiert denn, wenn ich nein sage? Dann ist unsere Beziehung im Eimer.»
Julia nickt. «Eine Beziehung zu beenden ist auch so etwas, was niemand von uns jemals richtig lernen wird … Willst du heiraten oder nicht?»
«Ja, ich will.»
«Dann schau dir die nächsten Bewerber genau an. Du absolvierst das volle Programm, und beim nächsten, der besser ist als Karsten, was immer das heißt, schluckst du alle deine Bedenken runter und sagst ja. Und zwar sofort, ohne Ausflüchte. Sonst höre ich mir dein Gejammer noch in 20 Jahren an.» Der Schnaps tut seine Wirkung.
«Ich werde ein altes Fräulein werden», säuselt Marina weinerlich.
«Du wirst einfach nur überlegt handeln. Und ich habe auch einen Vorteil davon, denn ich will nicht die beste Freundin eines alten Fräuleins werden.»
Marinas Blick schweift durch den Raum. Auf der Bar steht eine Tasse, daneben liegen Münzen.

MATHEMATISCHE LIEBESHILFE Es gibt einen Zeitpunkt im Leben, da wollen viele Menschen irgendwie erwachsen werden, die wechselnden Beziehungen aufgeben und sich einen festen Partner suchen. Dieser Zeitpunkt lässt sich erstaunlicherweise mathematisch berechnen. Zu ernst sollte man das Ergebnis zwar nicht nehmen; die Liebe lässt sich natürlich nicht vollständig mit mathematischen Formeln beschreiben. Aber wenn man ein paar mehr oder weniger realistische Annahmen macht, kann man zumindest eine Empfehlung abgeben.
Ist die Strategie, die Julia empfohlen hat, wirklich die richtige? Es geht um das Problem, eine optimale Auswahl aus einer bestimmten Menge von Bewerbern zu treffen, von denen einige, die Künftigen, allerdings nicht bekannt sind. Wegen dieser Unbekannten kann man keine Gewissheit haben, die richtige Wahl zu treffen – aber es lässt sich, unter ein paar Voraussetzungen, zumindest die Wahrscheinlichkeit dafür angeben, dass man die beste Wahl trifft. Mathematiker nennen dieses spezielle Problem das «Sekretärinnenproblem», weil es zuerst in eine Geschichte gekleidet wurde, bei der es um die Auswahl von Bewerberinnen für eine Sekretärinnenstelle ging. Keine sehr realistische Problemstellung – in der Wirklichkeit muss sich ein Chef ja erst entscheiden, wenn er alle Bewerberinnen gesehen hat. Deshalb ist Marinas Heiratsproblem eigentlich ein besseres Beispiel für dieses Auswahlproblem.
Um das Heiratsproblem zu lösen, müssen wir die Realität nur ein wenig berechenbarer machen, als sie üblicherweise ist, und Folgendes voraussetzen:

- Es gibt eine eindeutige Rangfolge unter den Bewerbern. Heißt: Wenn Marina alle kennen würde, könnte sie ein eindeutiges Liebes-Ranking erstellen.
- Die Reihenfolge der Heiratsanträge wird nur vom Zufall bestimmt.
- Es gibt eine feste, vorher bekannte Zahl von Bewerbern

(das macht die Berechnung ziemlich weltfremd, aber es gibt auch eine Lösung für den Fall, dass die Zahl nicht bekannt ist, dazu später). Nehmen wir im Fall von Marina eine Gesamtzahl von 10 Männern an, die ihr irgendwann im Lauf ihres Lebens einen Heiratsantrag machen.

Wahrscheinlichkeitsrechnung ist für viele ein rotes Tuch. Im echten Leben eher vage – eben zufällige – Ereignisse und Chancen in exakte mathematische Formeln zwingen zu wollen, klingt immer ein bisschen nach Wahrsagerei. Wenn man aber die grundlegenden Prinzipien einmal akzeptiert hat (und die zeigen sich eindrucksvoll zum Beispiel im Fall der Spielcasinos, die einen kleinen rechnerischen Vorteil gegenüber den Spielern in Millionengewinne umsetzen, siehe S. 82), dann verschwindet das ungute Gefühl ganz schnell.

Die Definition der Wahrscheinlichkeit ist so einfach wie einleuchtend: Teile die Zahl der «günstigen» Ereignisse durch die Zahl aller möglichen Ereignisse. Das wird gern anhand von Würfeln demonstriert: Wenn man mit einem Würfel eine 6 würfeln will, dann gibt es bei einem Wurf ein günstiges Ereignis (die 6), aber 6 mögliche Ereignisse (1, 2, 3, 4, 5, 6). Die Wahrscheinlichkeit für die 6 ist also $\frac{1}{6}$. Manchmal gibt man den Wert auch in Prozent an, eine Wahrscheinlichkeit von $\frac{1}{6}$ entspricht dann 16,67 Prozent.

So weit, so klar. Als Fallstrick erweist sich jedoch häufig, die Zahl der möglichen Ereignisse richtig abzuzählen. Beim Würfeln mit einem Würfel ist das kein Probleme. Bei zwei Würfeln wird die Sache schon komplizierter. Nehmen wir die Frage, wie wahrscheinlich beim Spielen mit zwei Würfeln ein Pasch ist (bei dem beide Würfel dieselbe Augenzahl zeigen): Die Zahl der günstigen Ereignisse beträgt 6 (Pasch mit Einsen bis Pasch mit Sechsen), was aber ist die Zahl der möglichen Ereignisse? Da machen viele einen Fehler, weil sie den Wurf 1–2 nicht von dem Wurf 2–1 unterscheiden. Auch wenn das

Ergebnis gleich aussieht, sind es zwei verschiedene Ereignisse, weil beide Würfel jeweils unterschiedliche Augenzahlen aufweisen. Tatsächlich gibt es 6 Möglichkeiten für den ersten Würfel, und in jedem dieser Fälle kann der zweite Würfel 6 verschiedene Augenzahlen zeigen – macht insgesamt 36 Möglichkeiten. Die Wahrscheinlichkeit für einen Pasch ist also $6/36$, macht wieder $1/6$.

Wie groß ist nun die Wahrscheinlichkeit, dass Marina mit Julias Strategie ihren Traummann, den Allerbesten von allen, bekommt? Vielleicht war es ja doch Karsten. Oder Uwe. Oder Christian. Dann würde der traurige Fall eintreten, dass Marina überhaupt keinen Mann abbekommt. Eine Chance hat sie also nur, wenn ihr der Traummann, nennen wir ihn Adonis, bislang noch nicht über den Weg gelaufen ist. Da die Verteilung der 10 Männer rein zufällig sein soll, ist die Wahrscheinlichkeit dafür genau so groß wie die Wahrscheinlichkeit, dass der Allerbeste schon unter den ersten 5 war – also $5/10$ oder 50 Prozent.

Heißt das nun, dass Marina bei der nächsten Hormonausschüttung angesichts eines Mannes davon ausgehen kann, mit einer 50 : 50-Chance ihren Prinzen vor sich zu haben? Nein, denn dann hätte sie übersehen, dass ja noch vor Adonis ein weiterer Kandidat auftauchen könnte, der zwar besser als die ersten 5 Bewerber ist, aber noch nicht der Allerbeste. Das heißt, der schlimmste Widersacher für Adonis ist der beste von allen Kandidaten, die vor ihm aufgetaucht sind, er möge Bruno heißen.

Und es wird noch etwas komplizierter. Denn Bruno muss nicht unbedingt der Zweitbeste von allen sein, falls dieser nach Adonis kommt. Mathematisch gesagt: Während Adonis eine Konstante ist, ist die Identität von Bruno eine Variable! Wenn Bruno unter den ersten fünf Kandidaten war, dann kann nichts mehr schiefgehen, er hat damit sozusagen die

Latte so hoch gelegt, dass nur noch Adonis drüberspringen kann. Wenn Bruno dagegen erst später kommt, dann wird er Adonis die Braut wegschnappen – wenn es nicht sogar schon vorher ein anderer getan hat.

Dieses Dilemma lässt sich in Einzelwahrscheinlichkeiten beschreiben:

- Kommt Adonis an 6. Stelle, gibt es kein Problem – er wird vom Fleck weg akzeptiert. Die Wahrscheinlichkeit dafür ist $1/10$, da die 6. Stelle genauso wahrscheinlich ist wie jede andere.
- Kommt Adonis als Siebter, dann ist die Frage: Wann kam Bruno, der bis dahin Zweitbeste? Wenn er als Sechster kam, dann sieht es schlecht aus für Adonis – in den fünf anderen Fällen wird der Prinz erwählt. Die Wahrscheinlichkeit dafür ist $5/6$, multipliziert mit $1/10$ für die siebte Stelle.
- Ist Adonis der achte Kandidat, dann kann ihm Bruno in 2 von 7 Fällen die Braut wegschnappen – die Wahrscheinlichkeit zugunsten von Adonis beträgt $1/10$ mal $5/7$.

Und so weiter bis zu dem Fall, dass Adonis der letzte Kandidat ist – in 4 von 9 Fällen könnte ihm dann Bruno dazwischenfunken. Die Wahrscheinlichkeit dafür, dass Marina bis dahin noch keinen erwählt hat, beträgt $5/9$.

Diese fünf Einzelwahrscheinlichkeiten muss man aufaddieren, die Rechnung steht für alle Hartgesottenen im Kleingedruckten dieses Kapitels. Das Ergebnis: Mit der Wahrscheinlichkeit von 37,3 Prozent, also mehr als einem Drittel, bekommt Marina den besten aller Kandidaten ab. Das ist vielleicht auf den ersten Blick nicht sehr viel – aber es ist viel besser, als wenn Marina aus Panik gleich den Nächsten wählen würde. Und zu ihrem Trost sei gesagt: Die Chance, einen der beiden absolut besten Kandidaten auszuwählen, beträgt bei dieser Strategie etwa 46,8 Prozent – fast die Hälfte!

Gäbe es für Marina eine noch bessere Strategie als die von Julia vorgeschlagene? Jetzt nicht mehr – aber sie hätte ihre Chancen optimieren können, wenn sie früher auf den Rat der Freundin gehört hätte! Wenn sie nur die ersten drei Bewerber abgewiesen und dann beim nächsten zugegriffen hätte, der besser als die drei war, so wäre ihre Chance, damit den Besten zu wählen, auf 39,9 Prozent gewachsen. Allerdings wäre sie dann wohl jetzt mit Karsten verheiratet. Ist eben Mathematik.

DIE FORMEL FÜR HARTGESOTTENE Die Formel, die für 10 Bewerber aufgestellt wurde, lässt sich auch auf eine beliebige Anzahl von Bewerbern (*n*) verallgemeinern. Dann kann man berechnen, wie groß die Wahrscheinlichkeit *p* ist, ihren Adonis abzubekommen, wenn die Heiratswillige alle Kandidaten bis zum Bewerber mit der Nummer *b* ablehnt und dann den nächsten wählt, der besser ist als alle Vorgänger:

$$p = \frac{b}{n} \sum_{j=b}^{n-1} \frac{1}{j}$$

Bei dem Zeichen in der Mitte kriegen viele Menschen gleich einen Hautausschlag, aber so kompliziert ist dieses Summenzeichen nun auch wieder nicht: Es enthält eine Variable, *j*, und die soll nacheinander die Werte b, $b + 1$, $b + 2$ und so weiter einnehmen, bis $n - 1$ – dann wird alles aufsummiert. Das Ganze ist also nur eine bequeme Schreibweise für

$$p = \frac{b}{n} \left(\frac{1}{b} + \frac{1}{b+1} + \frac{1}{b+2} + \ldots + \frac{1}{n-1} \right)$$

In Marinas Fall war $n = 10$ und $b = 5$. Man kann aber nachweisen, dass der Wert *p* am größten wird, wenn *b* etwas mehr als ein Drittel von *n* beträgt, genauer gesagt: 36,7 Prozent. (Noch genauer gesagt: n/e. *e* ist die sogenannte Eulersche Zahl, die uns auch auf S. 146 begegnet.) Bei 10 Kandidaten bestünde also die mathematisch optimale Strategie darin, die ersten 3 abzulehnen, bei 100 sollte man die ersten 36 ziehen lassen und dann den Nächsten erhören, der besser ist als alle Vorgänger.

Natürlich steht die gesamte Konstruktion des Beispiels auf wackeligen Füßen. Mal von der Objektivierbarkeit der Liebe abgesehen: Die Zahl von 10 Heiratskandidaten ist eine grobe Abschätzung, und die ganze Rechnung, bei der es ja um sehr kleine Unterschiede geht, ist hinfällig, wenn sich diese Zahl im richtigen Leben ändert. Doch auch hier weiß die Mathematik Rat. Für den Fall, dass eine beliebige Zahl von Anträgen gestellt wird, gibt es eine erstaunlich einfache Lösung, die der Mathematiker F. Thomas Bruss entwickelt hat: Man muss nämlich nur eine Vorstellung über die zeitliche Verteilung der Heiratsanträge haben. Diese zeichnet man als Kurve und versucht dann abzuschätzen, welche senkrechte Linie etwa 36,7 Prozent der Fläche abteilt. An der waagerechten Zeitachse kann man nun den Punkt *x* ablesen, wann es Zeit ist, das Lotterleben sein zu lassen und sich einen Kandidaten fürs Leben zu suchen!

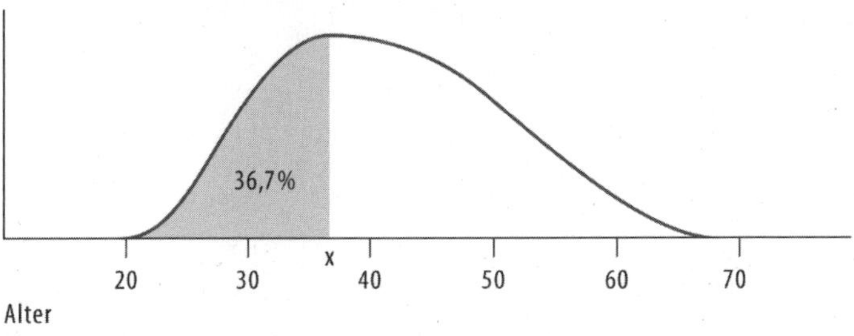

DAS KLEINGEDRUCKTE Adonis' Chance: *n* ist die Position in der Warteschlange, an der Adonis seinen Antrag macht. *n* kann Werte zwischen 6 und 10 anbieten.

$$n = 6\colon p_6 = \frac{1}{10}$$

$$n = 7\colon\ p_7 = \frac{1}{10} \cdot \frac{5}{6}$$

$$n = 8\colon\ p_8 = \frac{1}{10} \cdot \frac{5}{7}$$

$$n = 9\colon\ p_9 = \frac{1}{10} \cdot \frac{5}{8}$$

$$n = 10\colon\ p_{10} = \frac{1}{10} \cdot \frac{5}{9}$$

Für die Gesamtwahrscheinlichkeit gilt:

$$p = p_6 + p_7 + p_8 + p_9 + p_{10} = \frac{1}{10}\left(1 + \frac{5}{6} + \frac{5}{7} + \frac{5}{8} + \frac{5}{9}\right)$$

$$= \frac{1}{10} \cdot \frac{504 + 420 + 360 + 315 + 280}{504} = \frac{1879}{5040} = 0{,}3728\ \ldots$$

Einfach, oder?

«AUSGERECHNET» 15 Ehepaare haben an einer Abendgesellschaft teilgenommen. Jetzt gehen sie paarweise nach Hause, jeder mit seinem Gatten, und praktizieren dabei das folgende Abschiedsritual: Die Herren geben einander einen festen Händedruck. Die Damen verabschieden sich mit Küsschen rechts und Küsschen links. Ein Herr und eine Dame geben einander die Hand sowie einen Kuss auf die linke Wange. Wie viele Küsschen werden gegeben, und wie oft werden die Hände geschüttelt?

Auflösung unter *www.rowohlt.de/mathematikverfuehrer*

DER ERRECHNETE WAHLSIEG

ODER
WENIGER IST MANCHMAL MEHR

Dicke Luft in der «Post» in Hoppenstadt. Und das liegt nicht etwa daran, dass in dem rauchfreien Gasthaus jemand seine Grenzen überschritten hätte. Seit drei Stunden zerbricht sich der Vorstand der Bürgerpartei (BP) im Vereinsraum den Kopf über die aktuelle politische Lage in der Gemeinde Hoppenstadt – beziehungsweise Heinfelden-Hoppenstadt, denn Anfang des Jahres wurden die beiden Ortschaften im Rahmen einer Gebietsreform der Landesregierung zusammengelegt. Eine Folge der Reform: Die Wahlbezirke müssen neu zugeschnitten werden. Aus vorher 16 Bezirken sollen 8 werden – aus Gründen der Kostenersparnis. Dagegen ist im Prinzip auch gar nichts einzuwenden. Und dennoch führt die Halbierung bei den fünf Vorständlern der Hoppenstadter BP zu Depressionen. Denn Hoppenstadt ist kleiner als Heinfelden, und in dem größeren Ort regiert unangefochten die Partei der Bürger (PB), Erzrivale der BP.

«Liebe Freunde, wir müssen mit unserer Stellungnahme endlich zu Potte kommen. Die PB hat eine Neuordnung der Wahlkreise erarbeitet. Höre ich Meinungsäußerungen?» Vergeblich versucht Justus Nöthing, Parteivorsitzender und Noch-Bürgermeister von Hoppenstadt, die Sorge über das gefährdete Amt durch Tatkraft zu verscheuchen.

An der Wand hängen die Karten. Die Konditorin Gesine Schwing und Fred Kugel, der Maurermeister, widmen sich schweigend ihrem stillen Wasser und dem Bier. Nur Pia Paulsen, Quoten-

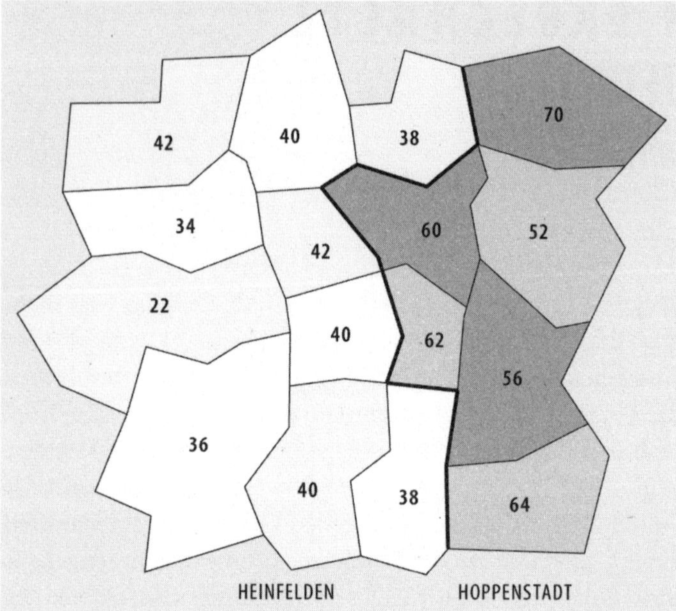

studentin der Partei, und Matthias Sauer, Bankangestellter mit Aussicht auf Beförderung zum Filialleiter, studieren die Zahlen und Graphiken. Für sie handelt es sich nicht um trockene Materie, sie wittern Gestaltungsmöglichkeiten.

Bisher waren Heinfelden und Hoppenstadt aufgeteilt in Wahlbezirke mit jeweils rund 1000 Wahlberechtigten, die je einen Vertreter in den Gemeinderat wählten – 10 Bezirke in Heinfelden (mehrheitlich protestantisch) und 6 in Hoppenstadt (mehrheitlich katholisch). Jeweils zwei der alten Bezirke sollen nun zu einem neuen vereinigt werden. Hoppenstadt wird traditionell von der BP regiert, Heinfelden von der PB. Eine dritte Partei existiert nicht. Parteichef Nöthing hat die Prozentzahlen seiner Partei bei der letzten Kommunalwahl auf der ersten Karte notiert.

«Das waren noch Zeiten», sagt Nöthing versonnen und blickt

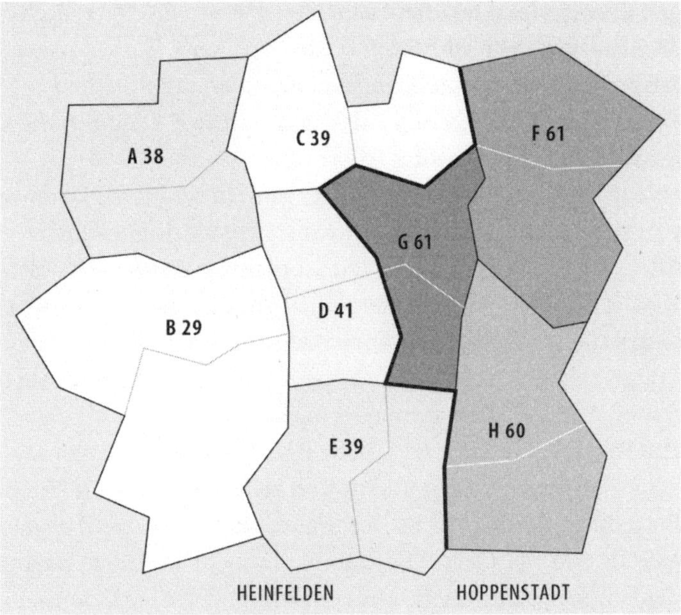

so liebevoll auf die Karte wie ein Urlauber auf den Sonnenuntergang am Meer. «Der Vorschlag der PB besticht durch seine Logik. Sie haben jeweils zwei benachbarte Bezirke zusammengefasst – in beiden Ortsteilen. Macht fünf Bezirke im Westen und drei bei uns.»

«Dann können wir uns künftig Wahlen sparen», murrt Kugel. «Unsere drei Bezirke gewinnen wir nach guter alter Sitte haushoch, und die anderen verlieren wir ebenso haushoch.»

«Ist ja auch einfach», sagt Pia, «du musst nur den Durchschnitt der beiden letzten Wahlkreisergebnisse nehmen und fertig.» (Das ist in diesem Fall korrekt – ansonsten kann man mit dem «Durchschnitt» allerlei Fehler machen, siehe S. 35.)

In der neuen Großgemeinde kommt die BP auf einen Stimmenanteil von 46 Prozent, die erhält man, wenn man alle 16 Wahlkreisergebnisse addiert und durch 16 teilt. Im künftigen Gemeinderat mit dann acht Sitzen wären das 3 von 8, also 37,5 Prozent. Alle wichtigen Positionen, vom Bürgermeister bis zu den Dezernenten, würden damit an die PB fallen.

«Was war gleich nochmal das Tolle an der Demokratie?», murmelt Gesine Schwing trübsinnig.

«Wahlkreise, schön und gut, aber es geht auch anders. Hat einer von euch schon mal das Wort ‹Gerrymandering› gehört?»

Alle starren Pia fragend an. Die ist nicht zu stoppen: «In den USA hat im 19. Jahrhundert der Senatsbewerber Elbridge Gerry die Wahl nur gewonnen, weil er die Wahlkreise zuvor kreativ zugeschnitten hatte. Einer besaß die Form eines Salamanders, daher Gerry-mandering.»

«Salamander heißt Gerry? Habe ich gar nicht gewusst», sagt Sauer leise vor sich hin und notiert sich das auf einem Zettel.

Pia geht zu den Karten an der Wand. «Unser Problem ist das gleiche wie bei Gerry. Einerseits verfügen wir über knapp die Hälfte der Stimmen. Andererseits sind die Stimmen sehr ungleich verteilt. In unserem besten Wahlkreis sind es 70 Prozent. Für den Sieg brauchen wir aber nur 50 Prozent plus eine Handvoll Stimmen über den Durst. Die restlichen 20 Prozent sind verschenkt.»

«Eigentlich mag ich satte Mehrheiten», wirft Kugel ein. «Der CSU wird es ja auch nicht langweilig da unten in Bayern.»

«Wartet nur ab», sagt Pia aufmunternd. «Bisher hatten wir in Hoppenstadt eine satte 60-Prozent-Mehrheit. Und nach jeder Wahl kam die legendäre 60er-Torte auf den Tisch.»

«Damit ist natürlich Schluss», kündigt die Konditorin an.

«Vielleicht nicht. Alles, was wir tun müssen, ist, ein paar Stimmen aus den starken Wahlkreisen in die schwächeren zu exportieren.»

«Ich ziehe nicht nach Heinfelden», ruft Gesine erschrocken. «So weit geht die Liebe zur Partei nicht.»

«Ich glaube, ich verstehe.» Sauer hat offenbar begriffen, worauf

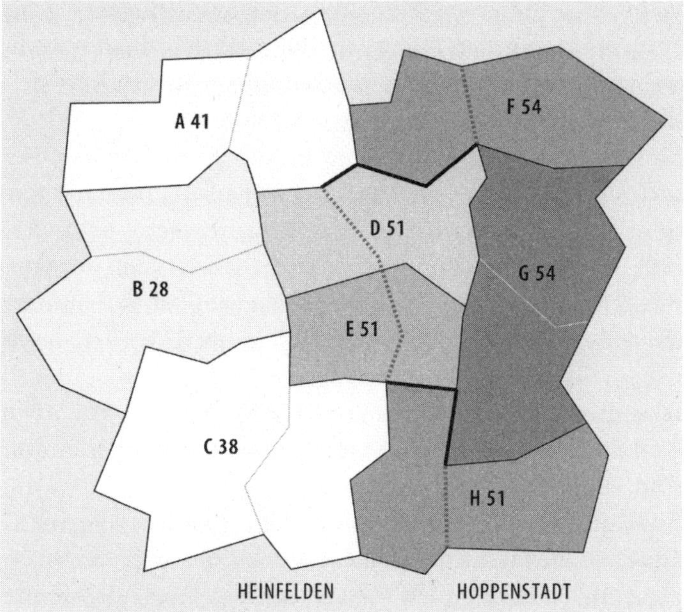

Pia hinauswill. «Wir schauen einfach mal, ob wir die Neuordnung der Wahlkreise nicht nutzen können, um die Ungleichheit ein wenig zu … ich sag mal, auszubügeln.»

«Zum Beispiel steht nirgendwo geschrieben, dass die traditionelle Trennung der beiden Orte auch künftig in den Wahlkreisen zementiert bleiben muss», sagt Pia und holt ihr Bierglas vom Tisch. «Vorschlag: Wir legen die Wahlkreise, die an der alten Gemeindegrenze liegen, so zusammen, dass ein Teil in Heinfelden liegt und ein Teil in Hoppenstadt. Schauen wir mal, was dabei herauskommt.»

Plötzlich ist die gedrückte Stimmung verflogen. Als die Kellnerin die neuen Bestellungen bringt, blickt sie auf fünf eifrig schreibende und rechnende Köpfe. «Brave Schüler», ruft sie und wartet, bis Pia ihren Rest ausgetrunken hat.

20 Minuten später sieht die Welt viel schöner aus. Die vier

Wahlkreise, die je zur Hälfte aus den beiden Gemeinden gebildet werden, würden alle an die Bürgerpartei gehen – wenn auch teilweise sehr knapp. Im Gesamtergebnis steigert sich die BP dadurch von 3 auf 5 Sitze. 5 von 8.

«51 Prozent in einem Wahlkreis ist aber keine bombenfeste Mehrheit», gibt der Vorsitzende zu bedenken und steckt routiniert die «Bedenkenträger»-Schmährufe weg.

«Ein wenig Wahlkampf werden wir schon noch machen müssen», gibt Pia zu. «Aber jetzt reden wir über Verhältnisse, die wir zu unseren Gunsten drehen können. Vorher waren wir auf Opposition programmiert.»

«Das merken die doch», wendet Gesine Schwing ein. «Die sind doch nicht blöd. Also blöd sind sie schon, aber dumm sind sie nicht.»

Es folgt einer der Momente, für die Justus Nöthing vor 17 Jahren in die Politik ging: Alle Augen richten sich auf ihn, in allen Augen sieht er den Funken der Hoffnung. «Ich werde die Zahlen schon nicht dranschreiben, wenn ich unseren Vorschlag für die neuen Wahlkreise nach Heinfelden und ans Ministerium schicke», sagt er grinsend. «Wir verkaufen denen die Sache politisch. Und vielleicht ein ganz klein wenig pathetisch.»

Mit erhobener Stimme und geballter Faust fährt er fort: «Die Bürgerpartei ist die Partei der neuen Einheit von Hoppenstadt und Heinfelden! Wir reißen die alten Grenzen nieder, anstatt die Teilung zu zementieren!»

An diesem Abend schleppt die Kellnerin so viele Runden in den Vereinsraum wie noch nie. Politik kann offenbar sogar Spaß machen, denkt sie.

WAHL-MATHEMATIK Die Orte Heinfelden und Hoppenstadt sind natürlich erfunden, ebenso wie die Wahlmodalitäten, die der Vorstand der Bürgerpartei dort so kreativ zu manipulieren versucht. Das «Gerrymandering» (mit dem Elbridge Gerry 1812 in Massachusetts 29 von 40 Wahlkreisen gewann, obwohl die Opposition 51 Prozent der Stimmen hatte) funktioniert nur beim Mehrheitswahlrecht, bei dem das Parlament aus direkt gewählten Wahlkreiskandidaten besteht – wie heute noch in den USA und Großbritannien. In Deutschland gilt für die Zusammensetzung fast aller Gemeinde- und Landesparlamente sowie für den Bundestag das Verhältniswahlrecht, das heißt, man versucht die Sitze gemäß dem Stimmenanteil auf die Parteien zu verteilen. Da diese Verhältniswahl aber meistens kombiniert wird mit einer direkten Personenwahl, gibt es auch bei uns die Möglichkeit, durch einen neuen Zuschnitt der Wahlkreise das Ergebnis zu beeinflussen.

Das Beispiel mit dem großen Westen und dem kleinen Osten ist dabei gar nicht unabsichtlich gewählt: In Berlin wurden im Jahr 2000 die Wahlkreise genau nach dem Muster von Heinfelden-Hoppenstadt neu definiert, man bildete neue Ost-West-Bezirke, die keine Rücksicht mehr nahmen auf den Verlauf der Mauer, die einst Osten und Westen voneinander schied. In diesem Fall war das Motiv nicht, die «Ostpartei» PDS zu stärken, sondern sie umgekehrt zu schwächen. Der Hintergrund: Nach unserem Wahlgesetz zieht eine Partei, die an der Fünf-Prozent-Hürde scheitert, trotzdem in den Bundestag ein (und dann auch gleich mit so vielen Abgeordneten, wie es ihrem Prozentanteil entspricht), wenn sie mindestens drei Direktmandate erringt. Und in Berlin verringerte man die Chancen der PDS auf direkte Parlamentssitze, indem man die Ost-Wahlkreise nach Westen ausdehnte, wo die Ex-SED nur eine Splitterpartei war. So hätte sie mit der Stimmenzahl von 1998 nur noch zwei statt vier Direktmandate errungen. (Tatsächlich war dann das Ergebnis von 2002 für die PDS so schlecht, dass auch mit der alten Aufteilung nur zwei Kandidaten direkt gewählt worden wären.)

Das komplizierte Zusammenspiel von Verhältnis- und Mehrheitswahlrecht, das bei der Bundestagswahl benutzt wird, führt aber auch zu anderen Seltsamkeiten. Die mögen gar nicht politisch gewollt sein, sind dafür aber umso absurder. Es geht so weit, dass eine Partei weniger Sitze im Bundestag bekommt, wenn sie mehr Stimmen erhält – «negatives Stimmgewicht» nennen das die Wahl-Mathematiker. Besonders augenfällig war es bei der Nachwahl im Dresdener Wahlkreis 160, die im Jahr 2005 stattfand. Eine NPD-Kandidatin war kurz vor der Wahl gestorben, sodass die Wahl in diesem Wahlkreis um zwei Wochen verschoben werden musste, um den Rechten Gelegenheit zu geben, einen Ersatz zu finden. Das Gesamtergebnis der Schicksalswahl zwischen Schröder und Merkel stand tendenziell schon fest, trotzdem konnte es durch die Dresdner Nachwahl noch Verschiebungen bei der Sitzverteilung geben. Und paradoxerweise lief die CDU Gefahr, einen Bundestagssitz zu verlieren, wenn sie zu viele Stimmen bekäme. Der CDU-Kandidat hätte also eigentlich dazu aufrufen müssen, ihm zwar die Erststimme zu geben (und damit seinen Parlamentssitz zu sichern), aber mit der Zweitstimme möglichst nicht die CDU zu wählen.
Um zu verstehen, wie es zu einem solchen Paradox kommen kann, muss man das komplizierte Bundestagswahlsystem genauer betrachten. Es funktioniert wie folgt:
Die Hälfte der Bundestagsabgeordneten, 299 an der Zahl, wird mit der Erststimme direkt gewählt, einer für jeden Wahlkreis. Wer dort die meisten Stimmen erhält, ist im Bundestag – und dieses Mandat kann ihm niemand nehmen.
Die andere Hälfte der Abgeordneten wird nach dem bundesweiten Ergebnis jeder Partei so besetzt, dass die Gesamtsitzzahl möglichst dem Stimmenanteil der Zweitstimmen der Partei entspricht (wie man von der Prozentzahl auf die Zahl der Sitze kommt, ist ebenfalls ein komplexes Problem, das soll

aber hier nicht interessieren). Dabei werden aber die Stimmen auf Landesebene heruntergebrochen.

Beispiel: Einer Partei X stehen insgesamt 180 Bundestagsmandate zu, es sind bereits 93 ihrer Kandidaten direkt gewählt worden. Nun werden aber nicht einfach zusätzliche 87 Listenkandidaten bestimmt – nein, das Verfahren ist viel komplizierter: Die 180 Mandate werden zunächst auf alle Bundesländer verteilt, entsprechend der Stimmenzahl der Partei in den einzelnen Ländern – also fast so, als würden wiederum 16 Parteien um diese 180 Mandate konkurrieren.

Damit steht die Zahl der X-Abgeordneten für jedes Bundesland fest. Erst jetzt kommen die direkt gewählten Abgeordneten ins Spiel. Und da kann es passieren, dass deren Zahl schon größer ist als die Zahl der Abgeordneten, die der Landesliste zusteht. Beispiel SPD in Hamburg: Die gewinnt in guten Jahren alle sechs Direktmandate in der Hansestadt, aber ihr stehen vielleicht nur vier Abgeordnete zu. Auf diese Weise entstehen die sogenannten Überhangmandate – den direkt gewählten Kandidaten kann, wie gesagt, niemand ihr Mandat wieder wegnehmen. Man kann aber auch nicht eine andere SPD-Landesliste für den Erfolg der Hamburger «bestrafen». Der Bundestag hat dann einfach zwei Abgeordnete mehr.

Nun zur Situation in Dresden vor der Nachwahl 2005: Hätte die CDU mehr als 42 000 Zweitstimmen bekommen, so hätte sie einen Bundestagssitz verloren. Und zwar so:

- Auf die Sitzverteilung nach dem Parteienproporz hätte die Wahl keinen Einfluss gehabt – dazu ist der Wahlkreis zu klein.
- Die Verteilung auf die CDU-Landeslisten hätte sich aber verändert: Sachsen hätte einen Sitz mehr bekommen und Nordrhein-Westfalen einen weniger. Der Sachsen-CDU hätten demnach nicht wie bislang 10, sondern 11 Mandate zugestanden, der NRW-CDU 46 statt 47.
- In Sachsen waren aber schon 13 CDU-Leute direkt gewählt

worden, bisher gab es also schon drei Überhangmandate. Der einzige Unterschied wäre also gewesen, dass nur noch 2 als Überhangmandat gezählt hätten – die Zahl der CDU-Sachsen im Bundestag wäre aber gleich geblieben.

Der Netto-Effekt: gleich viele Sachsen für die CDU im Bundestag, aber ein Nordrhein-Westfale weniger – also ein Verlust von einem Sitz für die Gesamtpartei!

Irgendwie hat es die CDU geschafft, dieses Dilemma dem Wähler zu vermitteln, ohne direkt dazu aufzurufen, die Stimme einer anderen Partei zu geben: Sie erhielt bei der Nachwahl im Wahlkreis 160 nur etwa 38 000 Zweitstimmen, das waren etwa 11 000 weniger als drei Jahre zuvor, ein Stimmenanteil von 24,4 Prozent. Bei den Erststimmen dagegen siegte der CDU-Mann Andreas Lämmel souverän mit 37 Prozent. Das verschaffte der CDU sogar noch ein weiteres Überhangmandat.

Sollte sich der CDU-Mann aus Nordrhein-Westfalen mit dem schönen Namen Caius Julius Caesar nun gefreut haben, dass er seinen Sitz behalten durfte, dann war das zu früh: Durch das schlechte Ergebnis der Dresdner CDU verschoben sich die Gewichte innerhalb der CDU-Fraktion erneut, ein Sitz wanderte von NRW ins Saarland. Anette Hübinger durfte sich damals bei dem verqueren Wahlrecht für ihr Bundestagsmandat bedanken.

Bei der Dresdner Nachwahl wurde das Problem des negativen Stimmgewichts offensichtlich – aber das heißt nicht, dass es sonst nicht existiert. Der Unterschied ist, dass man es bei der Wahl noch nicht weiß. Erst hinterher kann man sagen: «Hätte die Partei X im Wahlkreis Y weniger Stimmen bekommen, dann hätte sie einen Sitz mehr im Bundestag erhalten!»

KOALITION GEGEN DIE MATHEMATIK Wer Probleme hat, der komplizierten Wahl-Mathematik zu folgen, kann sich trösten: Politikern und Richtern geht es nicht anders. Immerhin hat jetzt das Bundesverfassungsgericht das «negative Stimmrecht» für verfassungswidrig erklärt. Allerdings wird nicht am Ergebnis der Bundestagswahl gerüttelt – das hätte ja auch gravierende Auswirkungen auf die bis dahin erfolgten Beschlüsse des Bundestages. Da gibt es glatt eine Allparteienkoalition für den Status quo und gegen die Mathematik.

«AUSGERECHNET» Im Kleingartenverein «Waldeslust» soll der neue Vorsitzende gewählt werden. Es gibt die drei Kandidaten A, B und C, und man hat sich darauf geeinigt, dass jedes Vereinsmitglied nicht einfach nur einen Kandidaten wählt, sondern seine persönliche Rangfolge der drei Kandidaten auf einen Zettel schreibt – so soll sich ein differenzierteres Bild des Wählerwillens ergeben. Es gibt 6 mögliche Rangfolgen, und die 21 Mitglieder stimmen folgendermaßen ab:

A–B–C: 4 Mitglieder	B–C–A: 7 Mitglieder
A–C–B: 4 Mitglieder	C–A–B: 2 Mitglieder
B–A–C: 0 Mitglied	C–B–A: 4 Mitglieder

Nach dem Wahlgang erklären sich alle drei Kandidaten zum Sieger. A sagt: «8 von 21 Wählern haben mich auf Platz 1 ihrer Liste, bei B sind es 7 und bei C nur 6 Wähler – ich bin eindeutig die Nummer 1!»

B sagt: «Jeweils die Mehrheit der Wähler findet mich besser als A (11 Stimmen) und C (11 Stimmen) – also bin ich der Sieger!»

C sagt: «Wir müssen die Stimmen so auswerten, dass der erste jeweils 3 Punkte bekommt, der zweite 2 Punkte und der dritte 1 Punkt. Dann habe ich zusammen 44 Punkte, A hat 39 Punkte und B 43 Punkte – also liege ich klar vorne!»

Wer hat recht?

Auflösung unter *www.rowohlt.de/mathematikverfuehrer*

DIE GEFÄLSCHTE SEMINARARBEIT

ODER BENFORDS SELTSAMES GESETZ

Lustlos stochert Maja in ihrem Putengulasch «Esterházy» herum. 40 Cent gespart, die Tages-Empfehlung des Küchenchefs ignoriert, massenhaft Ärger angesammelt. «Drei minus», murmelt sie.

Sascha wirft ihr seinen Ich-bin-ein-nettes-Hausschwein-Blick zu, Maja schiebt ihm ihren Teller hinüber. Mit Kennermiene macht sich der Freund und Kommilitone in der Mensa über die Reste her. «Drei minus», brummt Maja erneut. «Und ich habe mir solche Mühe gegeben.»

«Ach, du meinst die Arbeit», sagt Sascha kauend. «Ich dachte, du meinst den Fraß.»

«Hundert Leute habe ich auf der Straße nach ihrem Einkommen gefragt, schweinekalt war's, und bei jedem Dritten musste ich flüchten, weil er mir gleich seine ganze Lebensgeschichte erzählen wollte.»

«Für das Datensammeln allein kriegst du keine gute Note», entgegnet Sascha. «Das ist kein Survival-Kurs, sondern Statistik, da zählt die gute Aufbereitung der Zahlen.»

Es ist Ende Januar, in drei Wochen hört das Semester auf, im Kurs «Statistik für Volkswirtschaftler» wurden heute die Semesterarbeiten zurückgegeben. Die Studenten sollten einfache Aussagen über volkswirtschaftliche Zusammenhänge anhand von Daten aus der Realität auf ihre Richtigkeit überprüfen. Vor allem sollten sie diese Daten mit diversen statistischen Methoden untersuchen.

Sascha will etwas sagen, erkennt den falschen Zeitpunkt, kaut erst, schluckt und sagt: «Vielleicht war es keine so originelle Idee, den Zusammenhang zwischen Einkommen und Höhe der Miete zu untersuchen. Arme Leute drücken im Durchschnitt weniger für ihre Wohnung ab als reiche – da könnte man wirklich von allein drauf kommen.»

«Sehr witzig», entgegnet Maja und versucht, mit spitzen Fingern ein Flugblatt zu lesen, auf dem in der Mittagspause schon einiges abgestellt und abgewischt worden ist. «Du bist mit einer Zwei minus rausgekommen. Grins nicht so überheblich! An Gero kommst du trotzdem nicht heran. Ich glaube, der ist einfach unfähig, etwas anderes als Einsen zu schreiben.»

Am Ende ihrer Tischreihe unterhält sich Gero mit Freunden. Selbst unter den Volkswirtschaftlern fällt er mit seiner Kleidung auf: konservativ, teuer, stets im Anzug, immer mit Koffer. In der 11. Klasse gründete er seine erste Firma, nach dem Abitur baute er in Stadtvierteln mit Migrationsbevölkerung in Zusammenarbeit mit einer Computerfirma ein Computernetz auf. Im letzten Semester erhielt er eine Auszeichnung für seine Marketing-Kampagne für konsumkräftige «Golden Ager». Zur Feier war Maja eingeladen, an dem Abend lernte sie Gero besser kennen, als sie geplant hatte.

«Einfach geht bei dem gar nicht», spottet Maja. «Der Zusammenhang zwischen Höhe des Arbeitslosengeldes und der Dauer der Arbeitslosigkeit», zitiert sie das Thema von Geros Arbeit. «Und weißt du, zu welchem Ergebnis er kommt? Je höher die Unterstützung, desto länger bleibt einer ohne Job. Bei welcher Partei er sich damit wohl einschleimen will.»

«Bei welcher nicht», sagt Sascha kauend. «Du musst Gero ja nicht lieben, aber statistisch war die Arbeit sauber. Und fleißig war er auch. Bei 100 Arbeitsagenturen hat er die Daten eingeholt und dann eine Regression mit sämtlichen Koeffizienten berechnet. Die Eins geht in Ordnung.»

Maja widmet sich ihrem Vanillepudding und sieht zu, wie nebenan Gero seinen Zuhörern die Welt erklärt. «Wenn ich Eindruck schinden will, nehme ich auch so ein Riesenthema mit zehntausend Zahlen. Glaubst du, Professor Richter prüft die Daten nach? Ich wette, Gero hat höchstens zehn Ämter kontaktiert, den Rest hat er sich ausgedacht.»

«Hast du irgendwas mit dem Smartie?», fragt Sascha, während er weiter das nahrhafte Mensaessen in sich hineinschaufelt.

«Ich habe nichts gegen ihn», sagt Maja, «ich mag ihn nur nicht.»

«Man könnte das herausfinden», sagt Sascha kauend. «Die Arbeiten liegen ja alle auf dem Institutsserver. Gib mir einen Tag Zeit. Und deinen Pudding. Du siehst so satt aus.»

Nächster Tag, selber Tisch. Maja nimmt die Tagesempfehlung. Sascha lässt sich Zeit. Als er endlich kommt, wedelt er wild mit einem Zettel. «Ich glaube, du hattest recht», trompetet er und blickt sich um. «Ich sehe nirgendwo den Nachtisch.»

Maja muss Süßes holen. Sascha beginnt mit einem Fruchtquark, an dem er vorher schnuppert.

«Ich weiß nicht, ob ich dich eines Tages umbringen werde», unterbricht Maja sein Ritual. «Aber wenn ich es mache, wird es todsicher beim Essen sein.»

«Reg dich lieber über Gero auf. Die Daten sind gefälscht.»

«Sicher?»

Sascha hebt die Hand wie zum Schwur.

«Wie hast du das rausgekriegt? Hast du alle Arbeitsagenturen angerufen?»

«So würde es ein Amateur machen», erwidert Sascha großspurig. «Ein Mathematiker greift zu Benfords Gesetz.»

Er schiebt Maja den Zettel hinüber und sagt: «Ich habe mir Geros Daten mit den Regressionskoeffizienten aller Arbeitsagenturen vorgenommen.» Er genießt Majas verständnislosen

Blick und fährt lachend fort: «Müsste dir eigentlich geläufig sein. Der Begriff bezeichnet, wie stark die empirischen Werte von der linearen Geraden abweichen, mit der er sie angenähert hat. Wichtig in dem Zusammenhang ist: Solche Zahlen verhalten sich im Prinzip wie Zahlen aus der wirklichen Welt, und insbesondere gehorchen sie Benfords Gesetz.»
Nach dem Quark folgt der Pudding.
«Das ist eine seltsame Regel, die der amerikanische Physiker Frank Benford 1938 aufgestellt hat», erklärt Sascha. «Das Gesetz sagt: Wenn du die Zeitung von heute aufschlägst und alle Zahlen heraussuchst, von den Börsenkursen über den Wetterbericht, vom Sport bis zum Fernsehprogramm, und wenn du jeweils die erste Ziffer jeder Zahl notierst – dann ist nicht etwa jede Ziffer von 1 bis 9 gleich häufig vertreten.»
Sascha schweigt. Er wartet darauf, dass Maja eine Frage stellt.
Maja sagt: «Wer etwas weiß, wird es früher oder später sagen. Männer erst recht.»
«30 Prozent der Zahlen fangen mit 1 an, 18 Prozent mit 2 und so weiter. Weniger als 5 Prozent beginnen mit 9.»
Zwei Mädchen mit Tabletts kommen an den Tisch und drehen ab, als sie die Zahlen auf Saschas Zettel sehen. Sascha blickt ihnen hinterher. Erst als Maja sich vernehmlich räuspert, kommt er wieder zurück zum Thema.
«Also: Dieser Benford fand heraus, dass sein Gesetz für erstaunlich viele Zahlensammlungen in der Wirklichkeit gilt – für die Einwohnerzahl von Städten, für die Auflagen von Zeitschriften. Und vor drei Jahren, das ist wichtig für uns, hat ein Soziologe aus der Schweiz herausgefunden, dass das eben auch für die Werte in diesen Regressionsanalysen gilt.»

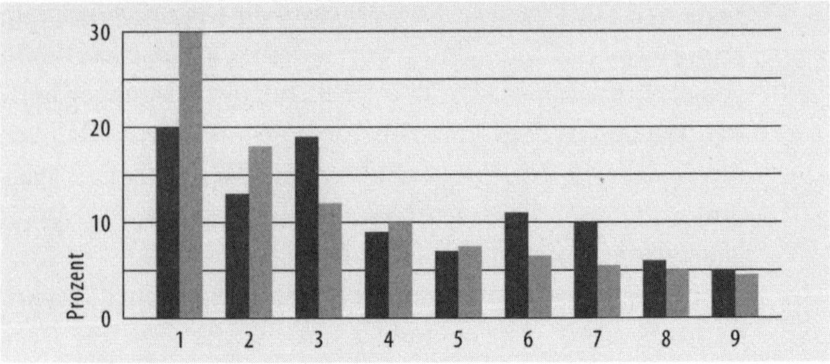

Sascha pocht mit dem Finger auf seinen Ausdruck und tupft danach alle Puddingflecken ab. «Die hellgrauen Balken zeigen die Werte, die nach Benfords Gesetz zu erwarten wären. Eins ist der unangefochtene Sieger, und dann nimmt die Häufigkeit immer weiter ab. Die dunkelgrauen Balken sind die Werte aus Geros Semesterarbeit. Sieh dir alles in Ruhe an, ich esse inzwischen weiter.»

Nach dem Pudding ein Tiramisu.

Die Abweichungen sind für Maja nicht zu übersehen: «Bei Gero fangen viel weniger Zahlen mit 1 und 2 an, dafür mehr mit 3, 6 und 7.» Skeptisch blickt sie auf. «Und das ist dein Beweis?» – «Was denkst du denn, was das ist?», ruft Sascha. Eine zierliche Wolke aus Kakaopulver steht im Luftraum über dem Tisch. «Mit solchen Analysen haben sie bestätigt, dass die Bilanzen des Enron-Konzerns geschönt waren. Gefälscht! Und getürkte Wahlergebnisse hat man damit auch schon entlarvt.»

Auch heute ist Gero in der Mensa. Er sitzt einen Tisch weiter mit einem älteren Mann. Es sieht aus, als würde er dem Älteren etwas anbieten oder verkaufen. Oder beides. Zwischen ihnen steht der Laptop, auf den Gero oft deutet.

«Was willst du machen?», fragt Maja. «Willst du mit deinem Diagramm zum Prof laufen und petzen?»

«Sehe ich so aus!?»

«Aber das ist … ja, was ist das eigentlich? Betrug?»

«Wissenschaftlicher Betrug. Richter ist Statistiker, der wird auch so sehen, dass unser edel gewandeter Gero ein schlimmer Finger ist.»

«Dann hat Gero eine Eins weniger», sagt Maja, «und du kriegst ein Fleißkärtchen für die praktische Anwendung statistischer Erkenntnisse.»

«Ein Monatsabo für Gratis-Nachtisch wäre mir lieber», murmelt Sascha.

Nebenan schütteln sich Gero und der Ältere die Hand. Beide strahlen um die Wette. Gero wird seinen Weg machen.

UNGLEICH VERTEILTE WAHRSCHEINLICHKEITEN Die Geschichte ist erfunden, aber die Daten sind echt. Ehrenwort! Es gab den Physiker Benford, es gibt sein Gesetz, und es gibt auch den Schweizer Soziologen Andreas Diekmann, der sich mit der möglichen Aufdeckung von Datenfälschungen beschäftigt hat. Er hat Studenten die Aufgabe gegeben, sich falsche Daten auszudenken (just zu dem Thema, das auch der fiktive Gero bearbeitet hat), und Saschas Diagramm gibt die echten gefälschten Zahlen von einem dieser Studenten wieder.

Benfords Gesetz müsste eigentlich «Newcombs Gesetz» heißen, denn es war der Mathematiker Simon Newcomb, der 1881 diese seltsame Regel entdeckte und auch veröffentlichte. Newcomb war aufgefallen, dass Bücher mit Logarithmentabellen vorne mehr abgegriffen waren als hinten. Zu Logarithmen später mehr – hier reicht es zu wissen, dass man im vorderen Teil die Logarithmen von Zahlen mit kleinen Anfangsziffern nachschaut und hinten die mit großen. Offenbar rechneten die Menschen also häufiger mit Zahlen, die mit 1, 2 oder 3 anfingen. Wie kann das sein? Warum kommt in großen Mengen von Zahlen die 143 öfter vor als die 943? Sollte nicht irgendwie jede Zahl gleich wahrscheinlich sein?

Auch wenn es gegen die Intuition geht: Die Wahrscheinlichkeiten sind nicht gleich verteilt. Wenn man jemand bittet, «irgendeine Zahl» zu sagen, dann hat er zwar die Auswahl aus einer unendlichen Menge, aber es ist nicht jede gleich wahrscheinlich. Nach einer ihnen spontan einfallenden Zahl gefragt, würden sicherlich mehr Menschen eine Zahl zwischen 0 und 10 nennen als eine zwischen 11 000 und 11 010. Je größer die Zahl, desto unwahrscheinlicher ist sie, kann man vermuten.

So ist es auch in anderen Zahlenmengen – etwa bei der Einwohnerzahl von Städten: Es gibt mehr kleine Städte als mittelgroße, und mehr mittelgroße als Großstädte. Die Einwohnerzahlen deutscher Städte sind sicherlich nicht gleich verteilt zwischen 300 und 3 000 000. Aber wie sind sie verteilt?

Um der Sache mathematisch näher zu kommen, schaut man sich am besten ein Beispiel an, das sich – im Gegensatz zu empirischen Daten wie der Bevölkerungszahl von Städten – exakt berechnen lässt. Geld ist ein gutes Beispiel. Ein Mensch legt einen Betrag von 1000 Euro an, der mit 10 Prozent jährlich verzinst wird (die kriegt man zwar von keiner Bank, aber es ist ja nur ein Rechenbeispiel). Nach einem Jahr hat man 1100 Euro, nach zwei Jahren (mit Zinseszins) 1210. Acht Jahre dauert es, bis das Vermögen die 2 000-Euro-Marke überschreitet. Nur vier Jahre später besitzt man über 3 000 Euro, und nach weiteren drei Jahren hat man mehr als 4 000 Euro. Das heißt: Während man acht Jahre lang auf die Frage «Wie viel Geld hast du auf der Bank?» mit einer Zahl antwortet, die mit einer 1 anfängt, sagt man nur drei Jahre lang eine mit 3 beginnende Zahl – und die Abstände werden immer kürzer. Nach 24 Jahren hat sich das Geld fast verzehnfacht.

Aber das Wachstum geht weiter. Jetzt hat man wieder acht Jahre lang einen mit 1 beginnenden Kontostand – bis nach 32 Jahren die 20 000-Euro-Marke erreicht ist.

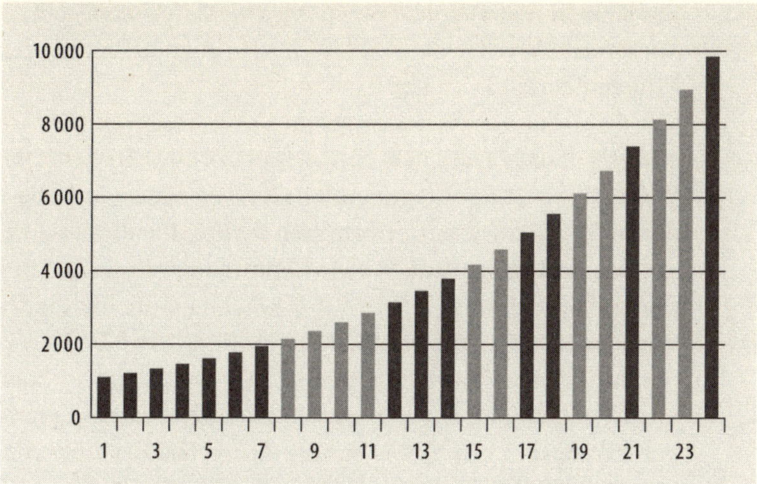

Nach 50 Jahren beträgt der Kontostand stolze 117 391 Euro – die Zahl fängt wieder mit 1 an. In 15 von 50 Jahren war das der Fall, also in 30 Prozent der Zeit. Hier sind die Prozentzahlen für alle Anfangsziffern (dunkelgrau) sowie die Werte von Benfords Gesetz (hellgrau).

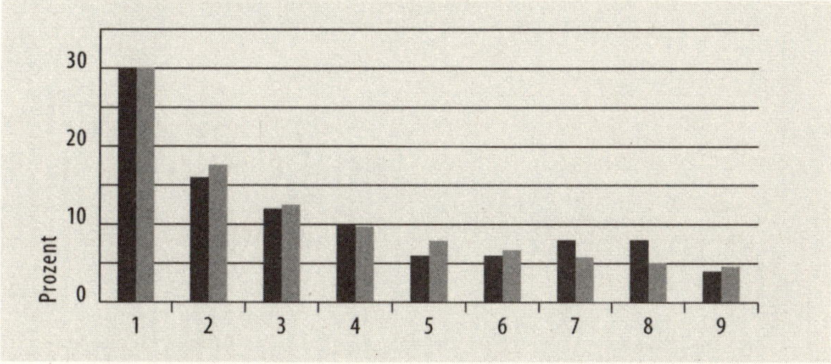

Eine frappierende Übereinstimmung! Das liegt daran, dass das Geld in einer sogenannten exponentiellen Kurve wächst – und Ähnliches passiert bei vielen Prozessen in der Natur (siehe S. 149). Bei der Verbreitung von Krankheiten, bei der

Zunahme von Tierpopulationen, beim Wachstum von Städten. Auch deren Bevölkerungszahl beginnt in etwa 30 Prozent der Fälle mit einer 1.

ZAHLEN IN POTENZ: DER LOGARITHMUS (BEI DEM NICHT JEDER MIT MUSS) Exponentielle Kurven haben die lästige Eigenschaft, dass sie schnell sehr steil werden. Bändigen lassen sie sich, indem man nicht den Geldbetrag selbst, sondern seinen Logarithmus zur Basis 10 betrachtet, kurz mit $\log(x)$ bezeichnet – ähnlich wie im Kapitel über Bachs Wohltemperiertes Klavier (siehe S. 175), nur dass dort die Basis 2 ist. $\log(x)$ ist die Zahl, mit der man 10 potenzieren muss, um x herauszubekommen. Der Logarithmus von 1000 ist 3, der von 100000 ist 5. Mit Logarithmen wird Benfords Gesetz nicht nur erklärbar, sondern genau bezifferbar. Wenn Sie also nicht nur wissen wollen, dass Benfords Gesetz gilt, sondern auch wieso, dann folgen Sie den nächsten paar Absätzen.

Wenn man die Entwicklung des Logarithmus des Kontostandes aufzeichnet, sieht die Sache überraschend brav aus:

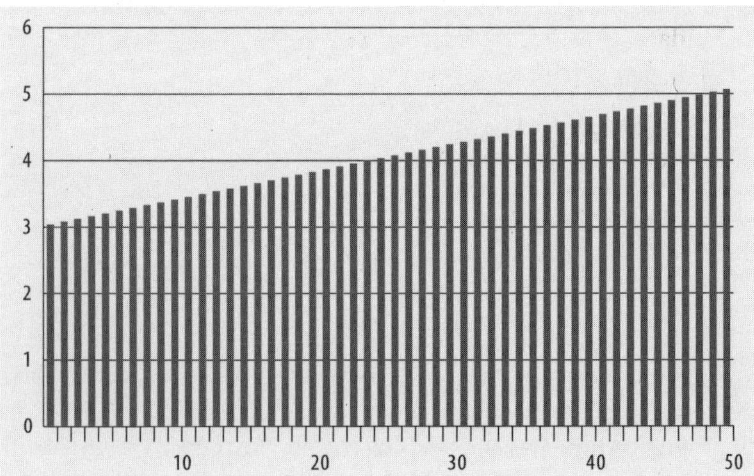

Ein annähernd lineares Wachstum! Wichtig für uns: Während die Geldbeträge nicht gleichmäßig verteilt waren zwischen 1000 und 120000 Euro, sind es die Werte des Logarithmus sehr wohl – sie liegen genauso häufig zwischen 3 und 4 wie zwischen 4 und 5.

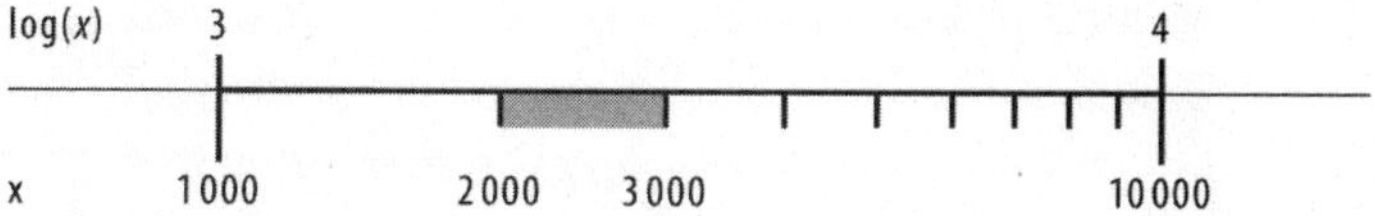

Und für Größen, deren Logarithmen gleichmäßig verteilt sind, gilt Benfords Gesetz in seiner strengen Form. So ist Benford auf seine Formel gekommen:

Auf der oberen Skala sind die Logarithmen verzeichnet, auf der unteren die Kontostände des Beispiels. Wenn die Logarithmen gleich verteilt sind, dann ist die Wahrscheinlichkeit, dass ein Wert in einen gewissen Bereich fällt, genau die Größe dieses Bereichs im Vergleich zum Ganzen.

Wenn man nur die Logarithmen zwischen 3 und 4 betrachtet und nach der Wahrscheinlichkeit fragt, dass die zugrunde liegende Zahl mit 2 beginnt, also zwischen 2000 und 3000, dann muss man die Breite des grau markierten Abschnitts berechnen. Es ist also

$$p(2) = \log(3000) - \log(2000)$$

Der Logarithmus eines Produkts ist die Summe der einzelnen Logarithmen (siehe die Formel im Anhang auf S. 233), sodass man das Ganze vereinfachen kann zu

$$\begin{aligned} p(2) &= (\log(3) + \log(1000)) - (\log(2) + \log(1000)) \\ &= \log(3) - \log(2) \end{aligned}$$

Oder, allgemein für jede Ziffer i zwischen 1 und 9:

$$p(i) = \log(i+1) - \log(i)$$

Für welche Zahlen gilt Benfords Gesetz, und für welche gilt es nicht? Es gilt zum Beispiel nicht für Lottozahlen – die sind nämlich wirklich gleichmäßig über den Zahlenraum von 1 bis 49 verteilt und gehorchen keinem logarithmischen Gesetz.
Eine Benfordsche Verteilung wird man sicherlich auch nicht finden, wenn man die Größe von Menschen in Zentimetern betrachtet: Da fangen die meisten Werte mit 1 an, es gibt ein paar Riesen über zwei Meter und eine Minderheit von Kindern unter einem Meter. Der Intelligenzquotient (IQ) von Menschen gehorcht wiederum einer anderen Verteilung, der sogenannten «Gaußschen Normalverteilung», und fällt damit auch nicht unter Benfords Gesetz.
Wenn man aber einmal eine Benford-Zahlenmenge gefunden hat, dann bleibt die Eigenschaft erhalten, auch wenn man die Zahlen mit einem konstanten Wert multipliziert. Man kann das wachsende Konto in Dollar, Yen oder Pfund umrechnen, die Regel gilt immer noch, auch wenn der Startwert nun von 1000 verschieden ist.
Erstaunlich ist, dass eine Mischung von Zahlenmengen, die jede für sich gar nicht so streng dem Gesetz von Benford gehorchen, meist besser den Werten des Gesetzes entspricht. Daher klappt das Experiment mit den Zahlen, die in einer Zeitung enthalten sind, meist sehr gut. Da mischen sich Börsenkurse mit Temperaturvorhersagen, den Todesopfern eines Zugunglücks, den Paragraphen eines Gesetzes und den Prozentzahlen von Wahlergebnissen – und alle zusammen gehorchen ziemlich exakt dem Gesetz von Benford.
Bis vor ein paar Jahren war die Entdeckung von Newcomb und Benford eine mathematische Skurrilität, von der nicht viele Menschen wussten. Und wer die Regel nicht kennt, ist nicht besonders gut darin, entsprechende Zahlenmengen zu

fälschen. Wer Spesenabrechnungen oder Firmenbilanzen fingieren will, der neigt dazu, möglichst «zufällig» erscheinende, «krumme» Werte einzusetzen. Und weil der Fälscher seine Zahlen besonders echt aussehen lassen will, verteilt er sie übers ganze Zahlenspektrum – entsprechend ist dann die 1 unterrepräsentiert, oder die 6 taucht zu häufig auf. Untersuchungen haben gezeigt, dass Menschen beim Erfinden von Zahlen regelrechte «Fingerabdrücke» haben, die man in der Tabelle der Benford-Werte der 1. Ziffer finden kann oder auch in entsprechenden Tabellen, die die 2. Ziffer untersuchen oder Ziffernpaare – manch einem fällt eben immer «37» ein, wenn er sich einen krummen Centbetrag ausdenken soll.

Inzwischen sind Benford-Methoden ein beliebtes Mittel bei Bilanz- und Steuerprüfungen. Der amerikanische Mathematiker Mark Nigrini hat das nicht nur im Fall des Energiekonzerns Enron nachweisen können, bei dem kräftig die Zahlen geschönt wurden. Er hat auch einmal die Einkommensteuererklärung des Ex-Präsidenten Bill Clinton unter die Lupe genommen. Ergebnis: Bis auf ein paar Auf- und Abrundungen war offenbar alles korrekt.

«AUSGERECHNET» «Mehr als die Hälfte wohnt alleine», lautete vor einigen Jahren eine Zeitungsüberschrift. In der Unterzeile stand: «In 55 Prozent der Haushalte lebt nur noch eine Person».

Was stimmt da nicht?

Auflösung unter *www.rowohlt.de/mathematikverfuehrer*

FAIRPLAY

ODER EIN PERFEKTES SYSTEM

So hat sich Frank Burmeister eine Spielbank nicht vorgestellt. Das Casino Hohensyburg bei Dortmund ist ein Betonzweckbau aus den 1980er Jahren, Typ kommunales Kulturzentrum. Keine Spur von hochherrschaftlichem Ambiente, kein livrierter Türsteher am Eingang, kein James-Bond-Glamour, weder Männer im Smoking noch atemberaubend schöne Frauen, stattdessen Rentner und fünfzigjährige Glücksritter, die auf eine monetäre Aufbesserung ihres verlorenen Lebens hoffen. Das Interieur in Brauntönen, die Luft verqualmt und grau wie einst der Himmel über dem Ruhrpott.

Burmeister und sein Kumpel Bernd Biehl müssen ihren Personalausweis vorzeigen und fünf Euro Eintritt berappen. Die Kleiderordnung schreibt ein Jackett vor, notfalls als Leihgabe vom Casino; mit Anzug und Krawatte fühlen sich die beiden hier leicht deplatziert.

«So, nun zeig mir dein todsicheres System, Frankie», drängt Biehl als Erstes.

«Erfunden habe ich es nicht, das System heißt ‹Martingale› und ist sehr alt. Die Regeln beim Roulette kennst du, oder?»

Biehl kann es kaum erwarten, loszulegen, deshalb gibt ihm Burmeister sicherheitshalber noch schnell eine kleine Einführung. Beim Roulette kann man auf einzelne Zahlen setzen, aber auch auf Paare sowie Gruppen von vier oder sechs Zahlen; man kann auf gerade («pair») und ungerade («impair») Zahlen wetten, auf Rot («rouge») und Schwarz

(«noir») sowie auf die Ziffern bis 18 («manque») und die ab 19 («passe»). Und es gibt die ärgerliche Null («zéro»). «Am besten setzt du auf die ‹einfachen Chancen›, also zum Beispiel Schwarz oder Gerade», erläutert Burmeister. Er gibt sein Wissen gerne weiter, auch wenn alles bisher graue Theorie ist – denn auch er hat noch nie an einem Roulettetisch gesessen.
«Wenn du da gewinnst, kriegst du deinen doppelten Einsatz zurück, also 10 Euro, wenn du 5 gesetzt hast. Die Chance auf einen Gewinn liegt bei etwa eins zu zwei.»
Erwartungsgemäß stellt Biehl die naheliegende Frage: «Wieso ‹etwa›? Wieso nicht exakt eins zu zwei?»
«Weil es noch die Null gibt, die weder rot noch schwarz ist. Wenn die fällt, wird dein Einsatz gesperrt und erst dann wieder ‹frei›, wenn das nächste Mal Schwarz fällt. Gewinnen kannst du dann erst wieder beim übernächsten Wurf. Aber diese Details sind gar nicht wichtig. Ich gleiche sie dadurch aus, dass ich höher setze», doziert Burmeister.

Die beiden schlendern durch die Säle und sind so in Burmeisters System vertieft, dass sie das ernüchternde Ambiente um sich herum gar nicht wahrnehmen. Burmeister erklärt weiter: «Ich setze mir ein Ziel, wie viel ich gewinnen will. Bleiben wir realistisch, sagen wir: 5 Euro. Ich setze also 5 Euro auf eine einfache Chance, sagen wir auf Schwarz. Wenn als Nächstes eine schwarze Zahl fällt, kriege ich meine 5 Euro zurück und 5 Euro obendrauf. Dann habe ich mein Ziel erreicht.»
«Und wenn eine rote Zahl fällt, sind die 5 Euro weg», ergänzt Biel trocken.
«So ist es, aber das ist kein Drama. Denn im nächsten Spiel setze ich 10 Euro. Wenn ich gewinne, bekomme ich 20 zurück. Die Bilanz sieht dann so aus: Ich habe 15 Euro gesetzt und insgesamt 5 Euro gewonnen.»
Biehl begreift schnell, wie der Hase läuft. Wenn auch beim zweiten Mal der Einsatz verloren geht, verdoppelt Burmeister seinen Einsatz erneut, auf dann 20 Euro. Bei einem Gewinn kriegt er 40 und hat nach Abzug der bisherigen Verluste 5 Euro gewonnen.
«Ich muss also nur so lange hartnäckig auf Schwarz setzen, bis Schwarz kommt, dann habe ich auf jeden Fall gewonnen. Eins darfst du aber nicht machen: die Nerven verlieren. Denn es ist natürlich möglich, dass mehrere Male hintereinander Rot kommt.» Burmeister lächelt so zuversichtlich, wie es jemand tut, der noch nie im Leben an einem Roulettetisch gesessen hat.
Biehl bleibt nüchtern: «Wenn du nach jeder vergeigten Runde verdoppelst, brauchst du aber unter Umständen einen saftigen Kapitalstock, sonst wirst du irgendwann nicht mehr mithalten können.»
Burmeister greift in die Hosentasche und zieht vorsichtig ein Bündel Geldscheine hervor. «Das sind 20 475 Euro, bis heute

Morgen lagen sie weitgehend wirkungslos auf meinem Sparkonto.»
«Aber hallo, du hast ja verborgene Werte!», lästert Biehl und fragt: «Warum so eine krumme Zahl? Hast du die Zinsen mit abgehoben?»
Burmeister steckt das Geld wieder ein. «Nee, ich habe nur exakt gerechnet: Das ist genau der Betrag, den ich brauche, um eine Durststrecke von elfmal Schwarz zu überstehen plus noch ein zwölftes Mal Schwarz setzen zu können.»
Fassungslos starrt Biehl in das siegesgewisse Gesicht des Freundes. «Das Risiko willst du wirklich eingehen? Für einen lumpigen Gewinn von 5 Euro? Wenn auch beim zwölften Mal Rot kommt, hast du einen fabrikneuen Polo GTI mit 150 PS und Sonderausstattung in den Sand gesetzt.»
Aber Burmeisters Vertrauen ist nicht zu erschüttern: «Du musst mathematisch denken, Bernd. Dass ich so viel Geld eingesteckt habe, ist pure Theorie. Denn die Wahrscheinlichkeit, dass zwölfmal hintereinander Rot fällt, liegt bei null.»
«Nahe bei null.»
«Okay, nahe bei null. Für den unwahrscheinlichen Fall ist es günstig, dass ich meine EC-Karte dabeihabe. Du auch?»
Biehl stellt klar, dass er nicht im Traum daran denkt, so hoch ins Risiko zu gehen. Aber er kommt mit, um endlich Chips zu holen. Am Wechselschalter tauschen sie ein paar Scheine gegen eine Handvoll 5-Euro-Jetons ein.
An Tisch 10 finden sie zwei freie Plätze. Acht Leute sitzen um den Roulettekessel, darunter ein gutsituiertes Ruheständler-Ehepaar und ein Mann mit wirren Haaren und einem Anzug, der schon bessere Tage gesehen hat. Auf einem Block notiert er pausenlos Zahlenkolonnen. Dazu murmelt er vor sich hin.
«Das ist einer von denen, die glauben, aus den bereits gefallenen Zahlen Rückschlüsse auf die künftig fallenden Zahlen

ziehen zu können. Ein armes Schwein», flüstert Burmeister seinem Freund ins Ohr. «Erstaunlich, dass es immer noch nicht alle kapiert haben. Der Kessel hat kein Gedächtnis. Vor jedem Wurf ist die Wahrscheinlichkeit auf eine bestimmte Zahl gleich hoch. Das ist wie beim Lotto. Wenn Samstag die Zahlen 1, 2, 3, 4, 5, 6 gezogen werden, ist die Chance, dass eine Woche später dieselben Zahlen noch einmal fallen, kein bisschen kleiner geworden.»

Als Burmeister nun zum ersten Mal nicht nur im Kopf, sondern wirklich spielt, wird er doch ein bisschen nervös. Der Croupier thront auf seinem leicht erhöhten Hocker. Eine Hand hält den Rechen, der die Chips verschiebt, die andere dreht die Scheibe. Hektisch setzen die Spieler ihre Jetons. Die Kugel beginnt schon zu hüpfen, da tritt noch ein Mann an den Tisch und platziert seine Chips auf dem grünen Tuch.

«Nichts geht mehr», ruft der Croupier, einige Sekunden später bleibt die Kugel in einem Zahlenfach endlich liegen. Der Rechen harkt die meisten Chips in Windeseile zusammen und zahlt dann den Gewinnern ihre Dividende aus.

Nun macht Frank Burmeister Ernst und setzt 5 Euro auf Schwarz. Je nach Temperament und Kassenstand setzen die anderen Spieler kleine Werte, aber auch 50-Euro-Jetons.

«16, rouge, pair, manque!», ruft der Croupier in der globalen Sprache des Roulette.

Burmeister hat 5 Euro verloren, das war einkalkuliert. Gelassen schiebt er zwei Chips auf Schwarz.

«12, rouge, pair, manque!», heißt es nach dem nächsten Wurf, und Burmeister setzt vier Chips aufs schwarze Feld.

«23, rouge, pair, passe!»

«30, rouge, pair, passe!»

«30, rouge, pair, passe!»

Fünfmal hintereinander Rot. Frank Burmeister hat 31 Jetons

verloren, das sind 155 Euro. «Jetzt wird das System seine Stärke zeigen», sagt er mehr zu sich als zu Biehl. Aber Burmeister hat heute schon überlegener gelächelt. Biehl hingegen gibt sich gar keine Mühe, seine Besorgnis zu verbergen, als Burmeister 32 Chips auf Schwarz platziert.

Der zahlengläubige Alte glaubt, erkannt zu haben, nach welchem System Burmeister spielt. «Bloß nicht nervös werden», sagt er aufmunternd. «Das Gesetz der großen Zahl arbeitet für Sie. Schwarz ist längst überfällig.»

Er hat gut lachen: Er hat gerade für die 30 zweimal hintereinander den 36-fachen Einsatz ausgezahlt bekommen.

Die Leuchtanzeige über dem Tisch, die die letzten Spiele anzeigt, verbreitet die Kunde von fünfmal Rot hintereinander. Aus allen Richtungen setzt ein Strom von Schaulustigen und Experten zu Tisch 10 ein. Einige von ihnen setzen auch – auf Rot oder Schwarz. Eine Fraktion spekuliert auf das überfällige Schwarz, die anderen surfen auf der Rot-Welle.

«1, rouge, impair, manque!»

«25, rouge, impair, passe!»

«12, rouge, pair, manque!»

Achtmal hintereinander Rot! Das Gemurmel am Tisch wird lauter. Burmeister schickt seinen Freund zur Kasse, um neue Chips zu kaufen. Momentan steht er mit 1275 Euro im Minus – Burmeister fühlt leichte Panik in sich aufsteigen. So kaltblütig wie möglich setzt er den Stapel von zwölf 100-Euro-Jetons, einen 50er und drei 10er auf Schwarz – macht 1280 Euro.

«3, rouge, impair, manque!»

Biehl flüstert mit seinem Freund. Burmeister soll aufhören, aufstehen, das Casino verlassen, Abstand gewinnen. Biehl tut alles, was ein guter Freund tun muss. Burmeister schweigt und bleibt sitzen.

«34, rouge, pair, passe!»

«3, rouge, impair, manque!»

Längst sind die anderen Spieltische verwaist, eine Menschentraube drängt sich jetzt um Tisch 10. Gewagte Theorien werden flüsternd ausgetauscht. Manipuliert der Croupier? Ist der Kessel defekt? Hat es so etwas schon einmal gegeben? Klimawandel auch beim Zahlengläubigen: Seine Chipberge sind abgeschmolzen, das Gesetz der großen Zahl scheint heute nicht zu gelten.

Mit versteinerter Miene starrt Frank Burmeister auf seine Jetons. Ansprechbar ist er nicht mehr, aber rechnen kann er noch. In elf Runden hat er 10 235 Euro zu Grabe getragen. Vor ihm liegen 10 240 Euro in Chips. Danach wird er pleite sein. Biehl neben ihm bebt vor Nervosität.

«Alles oder nichts», raunt Burmeister und schiebt den Stapel mit den Jetons auf das schwarze Feld. Wenn jetzt Schwarz fällt – und Schwarz muss endlich kommen – hat er gewonnen: 5 Euro.

«Entschuldigung, der Herr, das kann ich nicht akzeptieren!» Die Worte des Croupiers sorgen schlagartig für Stille am Tisch. Alle Augen starren auf Burmeister.

«Was wollen Sie, ich habe die Chips bezahlt», sagt der mit so brüchiger Stimme, dass er sie selbst kaum als seine eigene erkennt.

«An diesem Tisch gilt ein Limit von 7 000 Euro für den Einsatz auf einfache Chancen», teilt der Croupier sachlich mit. «Sie können also nicht mehr als 7 000 setzen.»

«Aber ich muss!», bricht es aus Burmeister hervor.

«Tut mir leid, mein Herr, aber das sind die Regeln des Hauses. «Ich muss Sie bitten, den Einsatz zu reduzieren oder den Tisch zu verlassen.»

Wie gelähmt sitzt Burmeister am Tisch, vor ihm verschwimmt alles zu einem rotschwarzgrünen See. Biehl sammelt für seinen Freund die Jetons ein, hilft ihm in die Höhe und führt ihn

zur Kasse. Burmeister kann 10 240 Euro einlösen, die gleiche Summe ist verloren. Die gleiche Summe minus 5 Euro.
Das Letzte, was die beiden hören, ist die Stimme des Croupiers: «8, noir, pair, manque!»

DER TRUGSCHLUSS DER SPIELER So eine Geschichte kann man ja leicht erfinden, mögen Sie jetzt denken – in der Wirklichkeit kommt eine solche Folge von elfmal Rot doch wohl nur alle hundert Jahre vor.
Aber die Zahlenfolge in der Geschichte ist tatsächlich gefallen, am 10. März 2007 im Casino Hohensyburg. Die Spielbanken veröffentlichen ihre «Permanenzen», wie die Zahlenreihen auch genannt werden, im Internet – für jene armen Zeitgenossen, die glauben, daraus irgendwelche Schlüsse für die Zukunft ziehen zu können. Und ich habe nicht etwa Hunderte von diesen Listen durchforstet. Schon bei der dritten Tagespermanenz, die ich angesehen habe, konnte ich eine solche Folge finden.
Bevor wir uns näher mit der Mathematik des Glücksspiels und insbesondere der Martingale beschäftigen, mit der Frank Burmeister seinen 5-Euro-Gewinn machen wollte, eine kleine Fleißübung für Sie: Schreiben Sie eine Rot-Schwarz-Folge von 100 Würfen auf, die möglichst zufällig aussieht! Die Null vernachlässigen wir an dieser Stelle.
Wahrscheinlich sieht Ihre Folge so ähnlich aus wie diese:
R S RR S R SSS RR S R SS RR S R SSS R S RR SS R S RRR S R
S R SSSS R SS RR S RRR S R SS RR S R SS R S RR S RRR SS
R S RR SSS R S RR S R SSS R S RR SSS R S R S RR S
(Ich habe die Wiederholungen so gruppiert, dass man sie besser erkennen kann.)
Und das hier sind die letzten 100 Zahlen, die am 10. März 2007 am Tisch 10 in Hohensyburg gefallen sind (die sechs Nullen habe ich herausgenommen):

R SS R S RRR SSSS RR SS R S R SSSSS RRRRRRRRRRR S RR SSS R SS R SSS R S RRRR SSS RRR S R S RR SSSSS RRRR S RRR S RRR SS R SS RRR S RR SS RR S R S

Wenn Menschen Zufallsfolgen erfinden sollen, dann verteilen sie die Werte sehr gleichmäßig. Fünfmal oder öfter Rot hintereinander wird kaum jemand aufschreiben, das sieht eben nicht sehr «zufällig» aus. Beim echten Zufall dagegen treten erstaunlich oft Häufungen auf, die uns sehr unwahrscheinlich erscheinen. Im konkreten Beispiel gibt es neben der wirklich auffälligen Folge von 11-mal Rot noch zwei 5er- und drei 4er-Folgen.

Kein Statistiker wird diese Zahlenfolge als besonders «unzufällig» ansehen – es kommt zum Beispiel 54-mal Rot darin vor und 46-mal Schwarz, das liegt recht nahe an der zu erwartenden Verteilung von 50 : 50.

Trotzdem – dass das Spiel für Frank Burmeister so katastrophal ausgegangen ist, war nicht sehr wahrscheinlich. Wenn wir die Null wieder außen vor lassen, dann beträgt die Wahrscheinlichkeit für Rot oder Schwarz bei jedem Wurf 0,5. Zur Erinnerung: Man teilt dazu die Zahl der günstigen (oder ungünstigen) Fälle durch die Zahl aller möglichen Ereignisse.

Bei zwei Würfen ist die Zahl der möglichen Ereignisse 4: RR, RS, SR, SS. Deshalb ist die Wahrscheinlichkeit für RR ein Viertel oder 0,25.

Für drei Würfe gibt es $2 \cdot 2 \cdot 2$, also 8 mögliche Ereignisse, die Wahrscheinlichkeit für RRR ist ⅛.

Das kann man nun bis 11 weiterführen – es gibt insgesamt 2^{11} Folgen von Rot und Schwarz, und nur in einem Fall verliert Burmeister. Also ist die Wahrscheinlichkeit dafür

$$\frac{1}{2^{11}} = \frac{1}{2048} \approx 0{,}0005$$

Anders gesagt: In 99,95 Prozent der Fälle führt das «todsichere» System zum Erfolg! Das ist doch eindrucksvoll, oder?
Leider reicht es nicht aus, nur die Wahrscheinlichkeit zu berechnen. Hier geht es um Geld, und deshalb muss man nicht nur berücksichtigen, wie wahrscheinlich die einzelnen Ereignisse sind, sondern auch, wie groß der jeweilige Gewinn oder Verlust ist. Ein Verlust von 10 000 Euro wiegt eben schwerer als ein Gewinn von 5 Euro.
Mathematisch wird das durch den sogenannten Erwartungswert beschrieben. Der drückt den durchschnittlichen Gewinn bei einem Spiel aus – oder, wenn er negativ ist, den Verlust. Der Erwartungswert gibt an, ob ein Spiel «fair» ist. Ein negativer Erwartungswert bedeutet, dass die Bank auf lange Sicht gewinnt. Und wie man sich schon denken kann, ist bei allen Setzmöglichkeiten im Roulette der Wert negativ.
Konkret ist der Erwartungswert so definiert: Wenn es n mögliche Ereignisse gibt, dann multipliziert man für jedes Ereignis seine Wahrscheinlichkeit p mit dem Gewinn g und summiert das Ganze auf:

$$E = p_1 \cdot g_1 + p_2 \cdot g_2 + \ldots + p_n \cdot g_n$$

Die Mathematiker schreiben das auch gern platzsparend mit dem Summenzeichen:

$$E = \sum_{i=1}^{n} p_i \cdot g_i$$

Ein Beispiel: In einer Kneipe macht Ihnen jemand ein Angebot, um Geld zu würfeln. Sie haben vier Würfe, wenn mindestens eine 6 dabei ist, bekommen Sie einen Euro – ansonsten müssen Sie ihm einen Euro zahlen. Ist das Angebot fair?
Es gibt $6 \cdot 6 \cdot 6 \cdot 6$, also 1296 verschiedene Würfelkombinationen, jede hat dieselbe Wahrscheinlichkeit von $1/1296$.

Bei wie vielen davon kommt eine 6 vor? Das auszurechnen ist recht kompliziert: Man muss die Fälle unterscheiden, ob eine, zwei, drei oder vier Sechsen gewürfelt werden, und jeweils die Kombinationen für die anderen Würfel berechnen. Viel einfacher ist es, die Zahl der Kombinationen zu bestimmen, bei denen keine 6 vorkommt. Das sind nämlich alle Kombinationen, bei denen alle vier Würfel eine Augenzahl zwischen 1 und 5 aufweisen. Das sind $5 \cdot 5 \cdot 5 \cdot 5$, also 625 Möglichkeiten, bei denen Sie einen Euro verlieren – in den anderen 671 Fällen gewinnen Sie. Das klingt schon ganz vorteilhaft!

Der exakte Erwartungswert:

$$E = 625 \cdot \frac{1}{1296} \cdot (-1) + 671 \cdot \frac{1}{1296} \cdot 1 = \frac{46}{1296} \approx 0{,}035$$

Das bedeutet: Im Durchschnitt gewinnen Sie bei einem Spiel 3,5 Cent. Ein recht magerer Vorteil, der bei den ersten paar Spielen nicht sehr relevant ist – aber wenn Sie das Spiel hundertmal spielen, können Sie davon ausgehen, etwa drei bis vier Euro im Vorteil zu sein. Sie sollten dem Fremden also sagen, dass Sie auf sein Angebot eingehen, aber gerne den Einsatz verzehnfachen würden.

Zurück zum Rouletteproblem: Da ist der Erwartungswert noch einfacher zu berechnen, so lange man die Null vernachlässigt. Es gibt 2048 mögliche Ergebnisse für 11 Würfe, bei denen entweder Rot oder Schwarz herauskommt, und in 2047 Fällen gewinnt Frank Burmeister 5 Euro, weil mindestens einmal Schwarz fällt. In dem einen ungünstigen Fall verliert er alle bisherigen Einsätze, die sich auf 10 235 Euro summieren. Der Erwartungswert ist also

$$E = 2047 \cdot \frac{1}{2048} \cdot 5 + \frac{1}{2048} \cdot \left(-10235\right) = \frac{10235 - 10235}{2048} = 0$$

Erwartungswert Null – das bedeutet, das Spiel ist fair für beide Parteien. Auf lange Sicht gleichen sich Gewinne und Verluste aus.

Allerdings würde das Casino mit einem fairen Spiel kein Geld verdienen. Deshalb gibt es die grüne Zero, die Null. Danach bleibt der auf Schwarz gesetzte Jeton «gesperrt», und im nächsten Wurf geht er entweder verloren (bei Rot), bleibt ohne Gewinn liegen (bei Schwarz) oder wird nochmals gesperrt (wenn wieder Zero fällt). Das ist ein klarer Vorteil für die Bank – und damit wird der gesamte Erwartungswert negativ. Ein ähnliches Ergebnis erhält man für alle Setzmöglichkeiten beim Roulette.

Es gibt eine Menge Rouletteratgeber, die Systeme für den angeblich sicheren Gewinn enthalten. Dabei wird nur selten die simple Martingale empfohlen, sondern teilweise sehr komplizierte Verfahren, bei denen der Spieler akribisch Buch führen und je nach Ausgang eines Spiels eine bestimmte Strategie verfolgen muss, mit mehreren Chips auf unterschiedlichen Chancen. Aber das Prinzip bleibt dasselbe: Wenn man verliert, muss man den Einsatz steigern, um mit den folgenden Spielen nicht nur zu gewinnen, sondern auch noch den Anfangsverlust wettzumachen.

Mathematiker können über all diese Systeme nur den Kopf schütteln. Denn der Erwartungswert hat die schöne Eigenschaft, dass er additiv ist: Die Werte für voneinander unabhängige Spiele addieren sich. Und wenn alle einzelnen Erwartungswerte negativ sind, kann man auch durch noch so komplizierte Kombinationen kein Spiel mit positivem Erwartungswert konstruieren.

Das kann man mathematisch beweisen, aber auch in der Realität: Die winzigen Vorteile der Bank addieren sich am Abend (fast) jeden Tages zu einem hübschen Gewinn. Der beträgt zwar nur einen kleinen Prozentsatz der Spieler-Einsätze, ist aber groß genug, dass die Bank davon gut leben kann. Das «Gesetz der großen Zahl» garantiert ihr, dass bei vielen Spielen (und jeder Einsatz jedes Spielers ist ein neues Spiel) sich der Gewinn tatsächlich dem Erwartungswert annähert.

Dieses Gesetz der großen Zahl wird von vielen Spielern missverstanden. Es besagt, dass zum Beispiel das Verhältnis von Rot und Schwarz sich immer mehr dem Wert 1 annähert, je mehr Würfe gemacht werden. Daraus schließt der Laie messerscharf: Wenn eine Weile besonders häufig Rot gefallen ist, muss nun entsprechend häufiger Schwarz fallen. Ein fataler Irrtum – denn der Roulettekessel hat, wie Frank Burmeister richtig bemerkt hat, wirklich kein Gedächtnis.

Wie passt das zusammen? Betrachten wir noch einmal die Situation bis zu Burmeisters Pechsträhne:

R SS R S RRR SSSS RR SS R S R SSSSS RRRRRRRRRR

Das Verhältnis von Rot zu Schwarz beträgt nach 35 Würfen 20 : 15, also 1,33 – viel mehr, als statistisch zu erwarten gewesen wäre. Nach 100 Würfen beträgt es 54 : 46, also etwa 1,17. Schwarz scheint gegenüber Rot tatsächlich «aufgeholt» zu haben, das Gesetz der großen Zahl bewahrheitet sich.

Aber ist nach Burmeisters Pleite tatsächlich besonders oft Schwarz gefallen? Ein Blick auf die nächsten 65 Würfe:

S RR SSS R SS R SSS R S RRRR SSS RRR S R S RR SSSSS RRRR S RRR S RRR SS R SS RRR S RR SS RR S R S

34-mal Rot, 31-mal Schwarz – wieder ein Vorteil für Rot! Trotzdem hat sich das Gesamtverhältnis zugunsten von Schwarz verbessert.

Der Grund dafür: Der absolute Abstand zwischen Rot und Schwarz ist im Verlauf des Spiels sogar noch gewachsen, von 5 Würfen auf 8. Aber die 5 Würfe machen einen größeren Anteil an den bis dahin gespielten 35 Runden aus als 8 von 100.

Das Gesetz der großen Zahl besagt also nicht, dass sich der

absolute Abstand zur statistisch erwarteten Zahl von Rot- oder Schwarz-Würfen verringert – im Allgemeinen wird der sogar wachsen. Es macht eine Aussage über das Verhältnis von Rot und Schwarz. Ein wichtiger Unterschied. Es gibt keine ausgleichende Gerechtigkeit, jedenfalls nicht beim Glücksspiel!

«AUSGERECHNET» Premiere im Opernhaus, 1500 Gäste schauen sich die neue Inszenierung der «Zauberflöte» an. Leider bringt die Garderobenfrau ihre Marken völlig durcheinander und weiß sich nur dadurch zu helfen, dass sie nachher jedem Gast, ob Mann oder Frau, irgendeinen Mantel in die Hand drückt. Wie groß ist die Wahrscheinlichkeit, dass dabei mindestens ein Besucher seinen eigenen Mantel bekommt? Auflösung unter *www.rowohlt.de/mathematikverfuehrer*

EIN MÖRDERISCHER GEHEIMBUND

ODER DER «GOLDENE SCHNITT»

«Philolaos, ich kann nicht länger schweigen!» Hippasos ist aufgebracht. Der junge Mann von Anfang 20 schlendert mit seinem älteren Freund durch das Zentrum von Metapont, einem Städtchen am Absatz des italienischen Stiefels.
Wir schreiben das Jahr 449 vor Christus, die Sonne brennt vom süditalienischen Himmel, auf dem Markt bieten Frauen aus der Umgebung Feigen und Oliven an. An einem Stand haben sich mehrere Männer versammelt und sprechen schon am frühen Nachmittag dem köstlichen Wein aus der Region zu. Aber Hippasos hat keinen Blick für das Treiben, er redet sich in Rage: «Alles ist Zahl! Alles ist Zahl! Ich kann es nicht mehr hören», ruft er so laut, dass sich Passanten umdrehen.
«Hippasos, sieh dich vor», mahnt Philolaos, «hier haben die Hauswände Ohren. Wenn das der Innere Kreis erfährt …»
«Oh, der Innere Kreis», äfft der Jüngere ihn nach und macht einen übertriebenen Bückling. «Die Bewahrer des Glaubens, die seine Sätze in Stein gemeißelt haben, damit sie ewig gültig bleiben. Pythagoras ist seit 50 Jahren tot!»
«Aber seine Gedanken leben», wendet Philolaos ruhig ein. «Sie haben eine neue Sicht der Welt begründet. Sie haben unseren Glauben geprägt, unsere Gemeinschaft von 600 Männern und Frauen begründet. Sie haben diese verlorene Gegend in eine blühende Landschaft verwandelt.»
«Deshalb ist er wohl auch nach dem Krieg aus Kroton geflüchtet», faucht Hippasos, «weil alle ihn so bewunderten!»

«Sei nicht ungerecht. Er musste vor seinen Neidern fliehen, die ihm den Erfolg nicht gönnten. Unsere Gemeinschaft bewahrt sein Erbe. Auch du hast geschworen, seinen Lehren zu folgen, bescheiden zu leben und die Geheimnisse des Bundes zu wahren. Wir haben ihm so viel zu verdanken. Die Musik, die ich erschaffe, wäre nicht denkbar ohne Pythagoras' Erkenntnisse über Harmonien. Die ganze Welt gehorcht seinen Gesetzen, von der Schwingung einer Saite bis zum Lauf der Gestirne.»

«Natürlich war er ein großer Mann», gesteht Hippasos zu. «Aber auch große Geister können irren. Er war kein Gott. Aber der Orden erklärt seine Werke für heilig. Heiligkeit ist das Gegenteil von Wissenschaft. Heiligkeit ist Anbetung, Heiligkeit braucht uns nicht. Sie braucht Gläubige. Ich habe nicht jahrelang meinen Geist gebildet, um ihn dann nicht einzusetzen.»

«Wärst du nicht mein Freund und Schüler, Hippasos, ich müsste dein Verhalten beim Inneren Kreis melden.» Philolaos blickt den jungen Eiferer besorgt an. «Was macht dich eigentlich so rasend? Du siehst, dies ist das Haus eines Menschen, nicht eines Gottes.» Die Männer stehen vor dem ehemaligen Wohnhaus des Pythagoras. Über dem Eingang prangt das Pentagramm, der fünfzackige Stern, Symbol des pythagoreischen Ordens.

«Er irrt», antwortet Hippasos. «Er sagt: Alles ist Zahl. Er meint, dass sich alle Verhältnisse in unserer Welt durch ganze Zahlen ausdrücken lassen. Was nichts anderes heißt, als dass zwei beliebige Zahlen ein gemeinsames Maß haben – eine Zahl, die in jeder der beiden ganzzahlig aufgeht. Aber das ist nicht wahr. Wir ermitteln doch das gemeinsame Maß zweier Zahlen, indem wir sie wechselweise voneinander abziehen, bis wir am Ende auf diesen größten gemeinsamen Teiler stoßen.»

Eine Gruppe Kinder kommt vorbei. Hippasos spricht den

Jungen an, der einen Stock dabei hat. Der Junge schüttelt den Kopf, Hippasos hält eine Münze in die Luft – der Stock wechselt den Besitzer. Mit ihm beginnt Hippasos, Figuren in den Sand zu malen. Die Kinder schauen zu.

«Nehmen wir die Zahlen 7 und 19», murmelt der junge Gelehrte. «Hier ist eine Strecke von 19 Einheiten. Ich ziehe davon zweimal 7 ab, es bleiben 5. Die 5 ziehe ich von der 7 ab, es bleiben 2. Die 2 ziehe ich zweimal von der 5 ab, bleibt 1, und 1 geht zweimal in der 2 auf. Genau zweimal.»

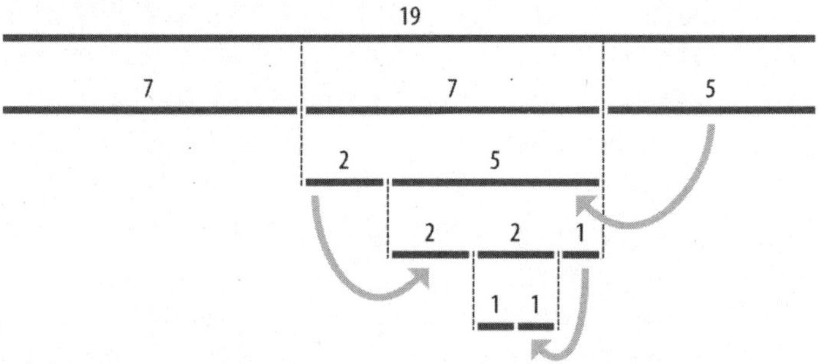

«Das Verfahren ist mir bekannt», sagt Philolaos lächelnd. «Es funktioniert auch mit Zahlen, die schon Brüche ganzer Zahlen sind. Es funktioniert überhaupt immer – immer gibt es ein gemeinsames Maß. Alles ist Zahl, wie der Meister sagt.»

«Eben nicht», ereifert sich Hippasos und verscheucht die Faxen schneidenden Kinder. «Und weißt du, wo ich einen Widerspruch gefunden habe? Im Symbol unserer Bruderschaft.» Er deutet auf das Pentagramm an der Hauswand und zeichnet dann den fünfzackigen Stern und das Fünfeck, das ihn umspannt, in den Sand.

Der Junge, der den Stock verkauft hat, kommt zurück und fragt scheinheilig: «Was gebt ihr uns, wenn wir die Strecke für unseren Wettlauf nicht über eure Zeichnung führen?»

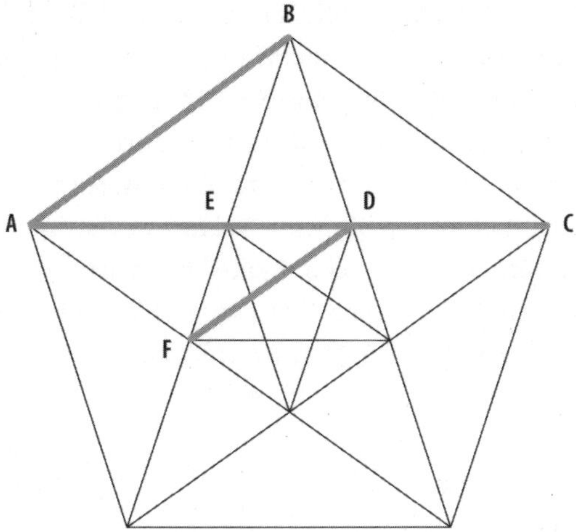

«Ich würde dann darauf verzichten, euch fünf an den Zacken des Pentagramms aufzuhängen», antwortet Hippasos. Als die Kinder registrieren, dass er es ernst zu meinen scheint, verkrümeln sie sich. Hippasos wendet sich wieder der Zeichnung zu. «Ich habe versucht, das gemeinsame Maß der Strecke AB und der Diagonalen AC des Fünfecks zu finden. Die Methode ist immer dieselbe: Zuerst muss ich die kürzere von der längeren Seite abziehen. Weil AB genauso lang ist wie AD, bleibt als Rest das Stück DC. Das muss ich jetzt von AD abziehen. Weil DC dasselbe ist wie AE, bleibt als Rest die Strecke ED. Wie ziehe ich die von AE ab? Nun, man kriegt schnell heraus, dass AE und DC genauso lang sind wie DF.»
Hippasos blickt lauernd zu seinem Mentor hinüber, doch der hört aufmerksam zu und sagt: «Ich habe das Gefühl, du hast noch etwas in Reserve.»
«Das will ich meinen», sagte Hippasos aufgeregt. «Denn wir sind wieder am Ausgangspunkt angelangt. ED und DF sind Seite und Diagonale des kleinen Fünfecks, das die gleiche Gestalt besitzt wie das große. Das Verhältnis des kleineren

zum größeren Stück war die ganze Zeit gleich, und es bleibt gleich. Der Prozess kommt nie zu einem Ende. Die beiden Strecken haben kein gemeinsames Maß. Und das bedeutet: Das Verhältnis von Diagonale und Seite im Fünfeck lässt sich nicht durch einen Bruch ganzer Zahlen ausdrücken! Wir haben die ganze Zeit in dem Symbol unserer Bruderschaft den Beweis dafür vor Augen gehabt, dass die Lehre des Pythagoras auf tönernen Füßen steht. Alles ist Zahl! Mag sein, aber es kommt nicht alles von den ganzen Zahlen.»

Hippasos schreitet erregt auf und ab und bleibt dann dicht vor seinem Freund stehen. «Hast du nichts zu sagen? Das ist doch eine Sensation! Das muss an die Öffentlichkeit!»

«Ach, Hippasos», antwortet Philolaos, «ich mag deinen Eifer. Du hast das Feuer, das vielen Gelehrten fehlt. Aber ich muss deinen Überschwang bremsen. Wir Pythagoreer sind keine dummen Nachbeter. Die Sache ist uns nicht entgangen.»

«Ach.» Das Wort fällt aus dem Mund des verdutzten jungen Genies.

«Einige von uns haben gemerkt, dass es Zahlen gibt, die kein gemeinsames Maß haben. Nimm nur den Satz über das rechtwinklige Dreieck, der ja sogar nach Pythagoras benannt ist. Selbst da kommt der Widerspruch vor. Wenn die beiden Seiten, die den rechten Winkel begrenzen, gleich sind – also ein Quadrat aufspannen –, dann hat die Diagonale des Quadrats kein gemeinsames Maß mit diesen Seiten.»

«Das habe ich auch schon vermutet», ruft Hippasos total begeistert. «Ich bin nur noch nicht dazu gekommen, es zu beweisen.»

«Ich bin durch meine Kunst, die Musik, darauf gekommen», sagt der ältere Freund lächelnd. «Nach Pythagoras leiten sich alle Harmonien aus den Verhältnissen ganzer Zahlen ab, je einfacher, desto schöner. Selbst die Himmelssphären schwingen in dieser göttlichen Harmonie.»

«Ist das etwa auch falsch?», fragt der staunende Hippasos.
«Nun, diese Harmonien existieren – aber auch sie passen nicht ganz zusammen. Es gibt immer wieder kleine Unstimmigkeiten, und ich arbeite daran, sie möglichst elegant auszugleichen.» (Siehe das Kapitel über Bach und das Wohltemperierte Klavier, S. 175.)
«Das heißt also, ihr wisst um diese Fehler und Widersprüche, aber ihr haltet sie geheim?» Hippasos fährt fassungslos mit dem Stock so oft durch den Sand, bis seine Zeichnung sich aufgelöst hat. «Wir streben doch nach Wahrheit», murmelt er. «Und die Wahrheit muss ans Licht.»
Später sitzen die beiden Männer an einem der Tische, die am Rand des Marktes aufgebaut sind. Der Wein ist kühl, das Herz von Hippasos ist heiß. Philolaos würde gern das Thema wechseln, aber er sieht, wie sehr es in dem Jüngeren arbeitet.
«Hippasos, mein Freund, wir Pythagoreer sind kein Klub, der sich nur mit Zahlenrätseln beschäftigt. Unserem Bund geht es um die Art, wie man die Welt betrachtet, es geht um die göttliche Ordnung und um die richtige Lebensweise.»
Hippasos kichert vor sich hin. «Vielleicht geht Pythagoras in diesem Augenblick den Göttern mit seiner Rechthaberei auf die Nerven, und sie überlegen, wie sie den Quälgeist wieder loswerden können.»
«Die göttliche Ordnung verträgt auch einen Quälgeist.»
Hippasos stellt den Becher auf den Tisch und sagt: «Ein schöner Bund sind wir. Und so lebensnah. Mir ist die Regel von den Bohnen die liebste. Sie erzeugen Blähungen, weil in ihnen menschliche Seelen stecken. Und warum? Weil ihre Form an einen Embryo erinnert. Willst du wissen, was ich glaube, Philolaos?»
«Würde es dich bremsen, wenn ich nein sage?»
«Ich glaube, dass es dem Bund um Macht geht. Unsere Mitglieder besetzen in Neu-Griechenland viele wichtige Posten,

die sie erhalten haben, weil man sie für weise und unanfechtbar hält. Aber wenn sich herumspricht, dass die Lehren des großen Meisters fehlerhaft sind, was wird dann von ihrer Weisheit bleiben? Wenn sie irren, sind sie ganz gewöhnliche Menschen. Wenn sie aber ganz gewöhnliche Menschen sind, kann man sie ersetzen. Wenn man sie ersetzen kann, verlieren sie ihre einflussreichen Posten.»

Philolaos schaut sich um. Sind die Gespräche an den Nachbartischen leiser geworden? Er packt Hippasos an den Schultern und sagt eindringlich: «Zuerst warst du mein Schüler, dann wurdest du auch mein Freund. Du bist einer der begabtesten Männer, die ich je getroffen habe. Ich warne dich, wie ein Vater seinen Sohn warnt. Der Innere Kreis betrachtet mit Sorge, was du tust. Du braust leicht auf und wirst dann laut. Du redest über gewisse Themen, du tust das oft und gegenüber den falschen Leuten.»

«Ihr verbietet das Denken?», stößt Hippasos hervor. «Ein Gelehrter verbietet einem anderen Gelehrten das Denken? Die Wahrheit muss an die Öffentlichkeit!»

«Wir verbieten dir nicht das Denken. Aber ich rate dir dringend, nicht alles auf den Marktplatz zu tragen.»

«Aber … aber wenn ich den Fehler gefunden habe …»

«Bei einem mathematischen Problem geht es nicht nur um richtig und falsch. Es geht um mehr.»

Hippasos atmet schwer. Er hat die Drohung verstanden. Rings herum ist es still geworden.

«Ihr sollt es alle hören», ruft Hippasos außer sich. «Pythagoras hatte unrecht, und ich, Hippasos von Metapont, kann es beweisen.» Und dann springt er so heftig auf, dass die Weinbecher umstürzen. Er drängt sich durch die anderen Tische und rempelt jeden an, der nicht schnell genug Platz macht.

Zwei Tage später finden Fischer an der Küste von Metapont den Leichnam eines jungen Mannes.

Der Dialog ist erfunden, aber Hippasos von Metapont hat tatsächlich gelebt und wohl als Erster bewiesen, dass die Vorstellung von Pythagoras falsch ist, alle Zahlen ließen sich als Verhältnis von ganzen Zahlen darstellen. Auch den Musiktheoretiker Philolaos hat es gegeben, ebenso wie den Geheimbund der Pythagoreer, der längst nicht nur der wissenschaftlichen Wahrheit verpflichtet war. Und der Legende nach ist Hippasos tatsächlich ermordet worden – von seinen Brüdern, die ihn auf offener See aus einem Boot warfen.

Heute ist die Tatsache, dass nicht alle Paare von Zahlen ein gemeinsames Maß haben, keine Sensation mehr. Wir lernen das in der Schule, wenn die Wurzeln durchgenommen werden. Die Wurzel einer Zahl x ist eine Zahl, die, mit sich selbst malgenommen, genau x ergibt. Manchmal ist das eine ganze Zahl, zum Beispiel bei der Wurzel aus 9. Manchmal kommt aber auch eine irrationale Zahl heraus, etwa wenn man die Wurzel aus 2 zieht. Geometrisch ist die Wurzel aus 2 die Diagonale in einem Quadrat, das die Seitenlänge 1 hat. Mit diesen Wurzeln gehen wir heute ganz selbstverständlich um.

Das Verhältnis von Seite und Diagonale im Fünfeck, dessen Irrationalität Hippasos bewiesen hat, spielt eine große Rolle in der Mathematik – und in der Ästhetik. Es handelt sich nämlich um den sogenannten «Goldenen Schnitt». Welchen Zahlenwert hat dieses Verhältnis? Das lässt sich mit Hilfe von Wurzeln schnell berechnen. Dabei benutzt man die Eigenschaft, auf die schon Hippasos hinwies: Das Verhältnis des größeren Stücks zum kleineren ist genauso groß wie das des kleineren zur Differenz der beiden. Geometrisch kann man das darstellen, indem man ein Rechteck zeichnet, das die beiden Strecken als Seiten hat:

Man trägt die kürzere Seite b an der längeren ab, schneidet also ein Quadrat der Größe b mal b ab. Dann bleibt ein Rechteck

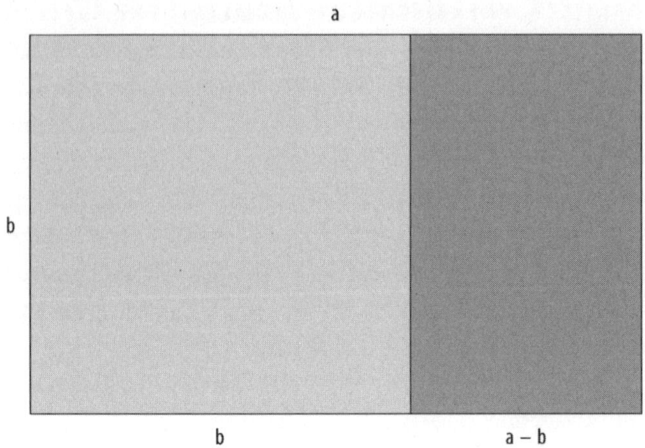

mit den Seiten b und $a - b$ übrig. Und dieses neue Rechteck (das dunklere) soll nun wieder genau dasselbe Seitenverhältnis haben wie das Ausgangsrechteck.

Wie Hippasos richtig gesehen hat, kann man diesen Prozess immer weiterführen: einfach ein Quadrat abschneiden, und es entsteht eine verkleinerte Version desselben Rechtecks. Das ganze windet sich immer weiter in das Rechteck hinein.

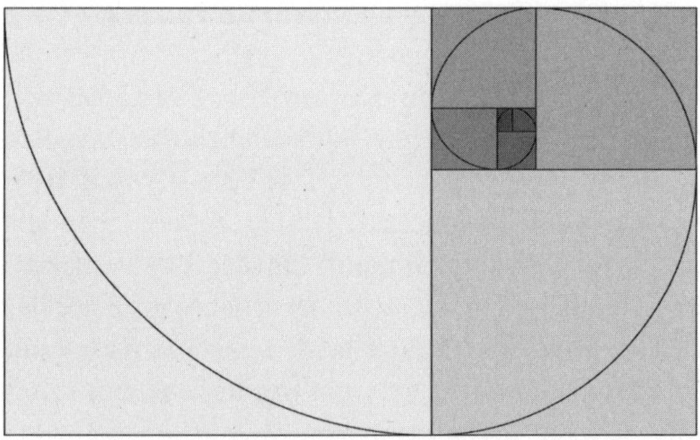

Dass dieser Prozess wirklich nur bei einem ganz bestimmten Seitenverhältnis möglich ist, sieht man, wenn man dieses Verhältnis ausrechnet. Dazu nimmt man einfach an, die kürzere Seite habe die Länge 1 (in welcher Maßeinheit auch immer), dann verhält sich x zu 1 wie 1 zu $x - 1$. Als Gleichung:

$$\frac{x}{1} = \frac{1}{x-1}$$

Man nimmt beide Seiten der Gleichung mit $x - 1$ mal, dann steht da

$$x \cdot (x-1) = 1$$

oder auch

$$x^2 - x - 1 = 0$$

Dies ist eine quadratische Gleichung, und für deren Lösung haben wir in der Schule eine Gleichung gelernt (siehe Anhang S. 219). Die Gleichung hat zwei Lösungen, nämlich

$$x_{1,2} = \frac{1}{2} \pm \sqrt{\frac{5}{4}} = \frac{\pm\sqrt{5}+1}{2}$$

Da die Wurzel aus 5 größer ist als 1, ist einer der beiden Werte negativ – der interessiert nicht, da das Verhältnis der beiden Zahlen ja eine positive Zahl sein soll. Es bleibt als Lösung

$$\Phi = \frac{\sqrt{5}+1}{2} \approx 1{,}618\ ...$$

Der griechische Buchstabe nennt sich «Phi», und Φ ist die Zahl, die als der «Goldene Schnitt» bekannt ist. Φ ist viel weniger bekannt als etwa die Kreiszahl π, aber auch sie spielt in der Mathematik ein große Rolle.

Φ hat eine verblüffende Eigenschaft: Wenn man das Verhältnis umkehrt, also die größere Seite durch die kleinere teilt, dann erhält man die Zahl $1/\Phi$, die kleiner als 1 ist. Sie wird auch mit dem Kleinbuchstaben ϕ bezeichnet.

$$\phi = \frac{1}{\Phi} \approx 0{,}618\,...$$

Hinter dem Komma steht dieselbe Ziffernfolge wie bei Φ! Diese Eigenschaft, dass sich Φ und ϕ um 1 unterscheiden, kann man benutzen, um für die Zahl einen sogenannten Kettenbruch zu entwickeln:

$$\Phi = 1 + \varphi = 1 + \frac{1}{\Phi}$$

Wenn man diesen Ausdruck wieder für Φ einsetzt, erhält man:

$$\Phi = 1 + \frac{1}{\Phi} = 1 + \frac{1}{1 + \frac{1}{\Phi}}$$

Das sieht ein bisschen wie ein mathematischer Taschenspielertrick aus, ist aber völlig korrekt. Und bleibt sogar dann korrekt, wenn man dieses Einsetzen unendlich oft praktiziert:

$$\Phi = 1 + \frac{1}{\Phi} = 1 + \frac{1}{1 + \frac{1}{1 + \frac{1}{1 + \dots}}}$$

So sind sie, die Mathematiker – schreiben einfach «…» und erledigen damit das Problem der Unendlichkeit.

Ein unendlicher Kettenbruch bezeichnet stets eine irrationale Zahl. Wenn man den Bruch an irgendeiner Stelle abbricht, erhält man eine rationale Näherung für diese Zahl. Bei Φ ist es so, dass wegen der vielen Einsen unter dem Bruchstrich der «Fehler» bei dieser Annäherung immer maximal groß ist. Φ ist die irrationale Zahl, die sich am schlechtesten durch rationale Brüche annähern lässt – und deshalb wird sie auch manchmal als die irrationalste oder auch «nobelste» Zahl von allen bezeichnet.

DAS «SCHÖNE» PHI Wenn man ein Blatt Papier nimmt, dessen Seiten im Verhältnis des Goldenen Schnitts stehen, dann kann man ein Quadrat abschneiden und enthält wieder ein «goldenes» Rechteck. Macht man das immer weiter, so erhält man einen Haufen immer kleiner werdender Quadrate (und einen winzigen Schnipsel, der sich nicht mehr schneiden lässt).

Für Drucker und Hobbybastler ist aber ein anderes Seitenverhältnis von Papier interessanter. Nämlich das, bei dem man das Papier halbiert, und es kommt wieder ein Blatt im gleichen Seitenverhältnis heraus. Das ist zum Beispiel beim DIN-Format der Fall: Ein DIN-A5-Blatt hat die gleichen Proportionen wie ein DIN-A4-Blatt, nur ist es halb so groß.

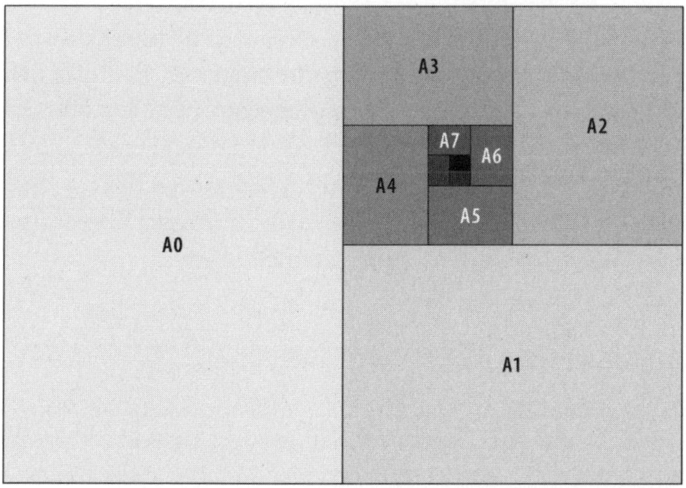

Welches Verhältnis müssen die Ausgangsseiten dieses Rechtecks haben? Nimmt man wieder an, dass die kurze Seite des großen Rechtecks die Länge 1 hat und die lange die Länge x, dann gilt in diesem Fall:

$$\frac{x}{1} = \frac{1}{\frac{x}{2}}$$

Das ist gleichbedeutend mit

$$x = \frac{2}{x}$$

oder auch:

$$x^2 = 2$$

Die (positive) Lösung dieser Gleichung ist die bekannte Wurzel aus 2, etwa 1,4142… – die andere irrationale Zahl, von der im Gespräch der beiden Griechen die Rede war! (Nach der Norm sind die Seitenlängen von DIN A0 nicht 1 Meter und 1,41 Meter, sondern sie sind so definiert, dass die Fläche des Blattes genau ein Quadratmeter ist. Es ergibt sich ein Format von 841 mal 1189 Millimetern.)
Welches Rechteck finden Sie schöner, das goldene Rechteck oder das DIN-Rechteck? Um die Wahl zu erschweren, hier gleich noch ein paar andere Formate zur Auswahl, geordnet vom «quadratischsten» zum «länglichsten»:

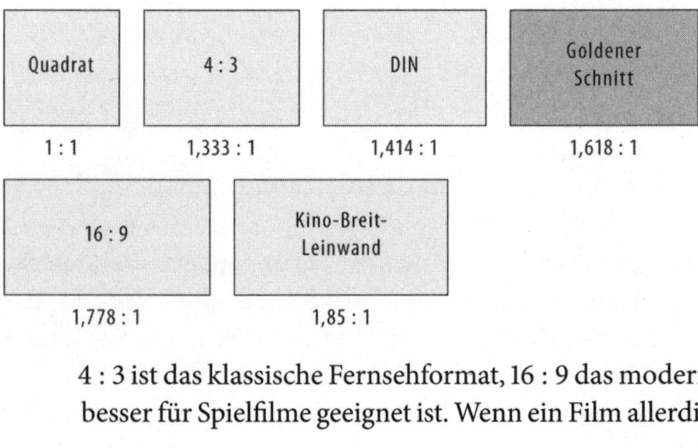

4 : 3 ist das klassische Fernsehformat, 16 : 9 das moderne, das besser für Spielfilme geeignet ist. Wenn ein Film allerdings im

noch breiteren Cinemascope-Format gedreht ist, dann bleiben auch auf diesem Fernseher oben und unten schwarze Streifen: Dessen Verhältnis ist nämlich 2,35 : 1. Lange Zeit galt der Goldene Schnitt als die «schönste» Proportion. Die alten Griechen verwendeten diese Proportion zum Beispiel beim Bau des Parthenon-Tempels in Athen. Auch in der Renaissance, als man sich auf das klassische Altertum besann, verwendete man dieses Seitenverhältnis viel. Kunsthistoriker haben es in Leonardos «Mona Lisa» gefunden und in seinen Zeichnungen der menschlichen Proportionen. Noch im 20. Jahrhundert war der Architekt Le Corbusier ein glühender Verfechter des Goldenen Schnitts. Viele seiner nüchternen Quader-Bauten finden wir heute grottenhässlich – aber sie haben die goldene Proportion.

Heute sieht man das alles etwas nüchterner. Jeder Mensch ist anders gebaut. Und finden wir wirklich diejenigen am schönsten, bei denen sich irgendwelche Augen- und Nasenabstände gerade im Verhältnis des Goldenen Schnitts befinden? Manche Psychologen wollen herausgefunden haben, dass die meisten Menschen unter verschiedenen Rechtecken tatsächlich das «goldene» als das schönste auswählen, andere wiederum konnten das nicht bestätigen. Auch in der modernen Kunst wird immer wieder der eine oder andere Goldene Schnitt gefunden, aber wenn man zum Beispiel die abstrakten, von rechtwinkligen Linien durchzogenen Gemälde von Piet Mondrian anschaut, dann gibt es darin so viele Rechtecke, dass fast zwangsläufig eines etwa das Verhältnis des Goldenen Schnitts haben muss. Ich habe mir einmal die Bildformate von etwa 20 berühmten Gemälden angesehen – die streuten über einen weiten Bereich von quadratisch bis länglich, ohne eine erkennbare Häufung bei einer bestimmten Proportion. Der Astrophysiker Mario Livio, der ein ganzes Buch über Φ geschrieben hat, meint denn auch: «Trotz der faszinierenden mathematischen Eigenschaften des Goldenen Schnitts und seiner Neigung, in der Natur überall da aufzutauchen, wo man ihn am wenigsten erwartet, sollten wir damit aufhören, ihn als universellen Standard für Schönheit anzusehen, weder im menschlichen Gesicht noch in der Kunst.»

«AUSGERECHNET» 10 Punkte sollen so angeordnet werden, dass sie auf 5 Geraden liegen, von denen jede 4 der Punkte enthält!
Auflösung unter *www.rowohlt.de/mathematikverfuehrer*

FRAUENFRAGEN

ODER
MEHR IST MANCHMAL WENIGER

«Liebe Kolleginnen und Kollegen, ich habe Sie zusammengerufen, weil wir ein … ähm … Problem zu diskutieren haben, das keinen Aufschub duldet.»
Holger Ehrmann, Rektor der Hochschule für Übersetzungswesen in Erlangen, trägt staatsmännischen Ernst im Gesicht. Vor ihm sitzen die vier Fachbereichsleiter der Sprachenschule: Gerd Miesgang, der das Fach Russisch betreut; Kathleen Cross, die Englisch-Professorin; Franz Vogler, der die Spanisch-Lehrer vertritt; Ivana Campagnola vom kleinsten Fachbereich, an dem Italienisch gelehrt wird. Neben dem Rektor sitzt eine junge Frau mit dunklen, zurückgekämmten Haaren und modischer Brille. Sie blättert konzentriert in einem Stapel von Computerausdrucken. «Sicherlich kennen Sie alle Frau Weißer, die Frauenbeauftragte unserer Hochschule. Sie hat mich vor wenigen Tagen auf ein schwerwiegendes Problem hingewiesen, über das zu reden sein wird. Frau Weißer, bitte sehr.»
Aline Weißer blickt auffordernd in die Runde: «Wahrscheinlich haben Sie noch nicht mit mir zu tun gehabt und sind nicht traurig darüber. Die meisten Menschen glauben, dass ich mich nur um Dinge wie die geschlechtsneutrale Fassung diverser Formulare kümmere. Das ist nicht meine Hauptarbeit, obwohl sich die diskriminierenden Formulierungen natürlich nicht von allein tilgen.»
Vogler und Miesgang tauschen einen Blick, der Aline Weißer veranlasst, ihr Kreuz ein wenig stärker durchzudrücken.

«Wie Sie alle wissen, haben in den letzten Jahren die Mädchen und jungen Frauen an den deutschen Schulen erfreulich aufgeholt. Mittlerweile machen mehr Mädchen als Jungen Abitur, sie schließen im Schnitt auch mit besseren Noten ab, gerade in den Fremdsprachen. Die naheliegende Vermutung – auch von mir, das gebe ich zu – war, dass sich diese Entwicklung auch an den Hochschulen fortsetzen würde.»

«Ist doch auch so», fällt ihr Vogler ins Wort. «Für mein Fach kann ich das jedenfalls bestätigen. Meine besten Studenten sind weiblich.»

«Wenn Sie mich bitte ausreden lassen würden, Herr Vogler», antwortet die Frauenbeauftragte spitz. «Es geht mir nicht um den Studienerfolg. Mir geht es darum, dass wir vielen jungen Frauen gar nicht erst die Möglichkeit geben, ein Studium bei uns aufzunehmen.»

«Bei uns?»

«Ja, bei uns», bestätigt Frau Weißer nachdrücklich. «Seit einigen Jahren sind wir ja in der glücklichen Lage, die Auswahl der Studierenden selbst zu treffen. Die Zeit ist vorbei, in der wir nur auf den Notendurchschnitt gucken mussten.»

«Das wurde auch höchste Zeit», meldet sich Rektor Ehrmann. «Die Aussagekraft der Schulnoten ist ja doch eher … wie soll ich sagen …»

«Nichtssagend», schlägt Vogler vor. «Es ist doch selbstverständlich, dass eine Sprachenschule ihre Studenten nach ihren sprachlichen Fähigkeiten auswählt. Wonach denn sonst?»

Frau Weißer bringt sich in Erinnerung: «In der Theorie klingt das gut. Aber wählen wir wirklich nach der Qualifikation aus? Ich habe da meine Zweifel, begründete Zweifel.»

Niemand in der Runde kann ihr folgen, sodass Aline Weißer den Eindruck hat, Klartext reden zu müssen: «Frauen», fährt sie fort, «werden bei der Auswahl benachteiligt.»

«Wann? Wie? Wodurch?», fragt Kathleen Cross verdutzt.

«Ihnen das zu demonstrieren, liebe Kollegin», antwortet Frau Weißer zuckersüß, «zu diesem Zwecke sitzen wir heute hier.»
In der Runde entsteht Unruhe. Empörtes Verteidigungsgemurmel kommt auf. «Bitte, Kollegen», mahnt der Rektor, «wir wollen Frau Weißer doch in Ruhe ihr Anliegen vortragen lassen. Fahren Sie bitte fort, Frau Weißer.»
Nicht ohne Sinn für eine gewisse Dramatik zieht die Frauenbeauftragte ein Blatt aus ihrem Aktenordner. «Zum letzten Wintersemester haben sich bei uns 2175 junge Männer für ein Studium beworben und 849 Frauen.»
«Junge Frauen», wirft Vogler ein und holt sich den Knapp-über-den-Brillenrand-Blick der Frauenbeauftragten ab, von dem er schon gehört hat.
«Wir haben keinen Einfluss darauf, wer sich bewirbt», wendet der Rektor ein.
«Es geht mir auch nicht um die Bewerberzahl, obwohl ich schon denke, dass es nicht schaden könnte, wenn wir künftig stärker herausstellen würden, was gerade Frauen von einem Studium bei uns zu erwarten haben.» Rektor Ehrmann spielt hingebungsvoll mit seiner Brillenkette und bekommt den auffordernden Blick nicht mit, den ihm Frau Weißer zuwirft.
«Reden wir über die Zulassungsquote», fährt sie fort. «Von den männlichen Bewerbern wurden 47 Prozent akzeptiert, von den Frauen nur 31. Der Unterschied ist zu groß, um zufällig zu sein. Und in den letzten drei Jahren waren die Zahlen ähnlich.»
Sie wartet die Wirkung ihrer Sätze ab und stellt befriedigt fest, wie beeindruckt alle sind.
«Daraus folgt für mich, dass Männer bei der Annahme bevorzugt werden. Da meine Phantasie nicht so weit reicht, um mir vorzustellen, dass Männer in solchem Maße qualifizierter sind, haben wir also ein Problem.»
Als Erste bricht Ivana Campagnola das Schweigen. In ihrem italienischen Akzent, den alle so mögen, sagt sie: «An uns liegt

das nicht. Wir haben im letzten Semester nur 46 Studierende annehmen können, mezzo Frauen, mezzo Männer, obwohl wir mehr als zehnmal so viele Bewerbungen hatten. Und die Quoten, un attimo ...» Sie blättert in ihrer abgewetzten Kladde, die alle so mögen. «6 Prozent der Männer wurden akzeptiert und 7 Prozent der Frauen.»

Auch die anderen haben in ihren Unterlagen geblättert, den Vorwurf der Frauendiskriminierung will schließlich keiner auf sich sitzenlassen.

«Wir nehmen in meiner Englisch-Abteilung viel mehr Kandidaten auf, wir sind ja das Massenfach», meldet sich Kathleen Cross zu Wort. «Über 600 neue Studierende jedes Jahr. Bei den Männern waren wir erheblich kritischer. Von denen haben 62 Prozent einen Studienplatz bekommen, bei den Frauen waren es 82 Prozent.»

Das sind eindeutige Zahlen, Kathleen Cross hat es geschafft, den Schwarzen Peter weiterzureichen. Nun sind die beiden männlichen Fachbereichsleiter in der Rechenschaftspflicht.

Zuerst wehrt sich Miesgang gegen den Macho-Vorwurf. «Ich weiß auch nicht, warum so wenige Frauen sich für Russisch interessieren. Vielleicht liegt es daran, dass Russisch nicht als sexy gilt.» Erwartungsvoll blickt er in die Runde, findet aber nirgendwo Unterstützung und fährt seufzend fort: «Nur 25 Frauen haben sich beworben gegenüber 560 Männern. Aber die Annahmequote war auch hier bei den Frauen höher: 68 Prozent gegenüber 63 Prozent. An mir liegt's also nicht, wer hätte das gedacht. Es sieht nicht gut für den geschätzten Kollegen Vogler aus.»

«Ein bisschen mehr Männersolidarität stünde Ihnen gut zu Gesicht, Herr Kollege», antwortet der angesprochene Spanisch-Professor. Er verschweigt sicherheitshalber seine Forderung nach der Einführung eines Männerbeauftragten, die er beim letzten Doppelkopfabend unter Zeugen geäußert hat.

«Hier sind meine Zahlen: 792 Bewerber, ein paar Männer mehr als Frauen. 35 Prozent der Bewerberinnen bekamen einen Platz, 33 Prozent der Männer.»

Niemandem ist mehr nach Frotzeleien zumute, stattdessen überwiegt allgemeine Ratlosigkeit, zumal an den Zahlen kein Zweifel möglich ist. Der Rektor ergreift das Wort: «Die Ergebnisse sprechen für sich. An allen vier Fachbereichen ist der Prozentsatz der angenommenen Frauen höher als der der Männer. Das ist eigentlich Stoff für eine Pressemeldung und entspricht der Richtung, die unsere verehrte Frau Weißer vorhin auf ihre charmante Art anmahnte.»

Alle Augen wandern zur Frauenbeauftragten. Die ist sich der unausgesprochenen Frage wohl bewusst: «Meine Zahlen sind korrekt», faucht sie. «Aktuell sind sie sowieso, heute Morgen aus dem Sekretariat geholt, frisch aus dem Computer. Aber ich gebe zu: Es bleibt ein Rest, der rätselhaft ist.»

Vogler denkt: Von wegen ein Rest! Du hast dir selbst ein Bein gestellt, Mädchen.

Ehrmann fasst zusammen: « Es klingt ja schon ein wenig paradox. Ich schlage vor, wir vertagen uns. Nächsten Mittwoch treffen wir uns alle wieder, ich werde Herrn Weingarten aus dem Rechenzentrum dazu bitten. Der Mann lebt für Zahlen. Bis dahin erinnere ich an Churchills Klassiker: Traue keiner Statistik, die du nicht selbst gefälscht hast.»

«Protest!», fällt ihm Kathleen Cross ins Wort. «Das ist ein germanischer Mythos. Der Satz stammt nicht von Churchill, bei uns in England ist dieses Bonmot jedenfalls völlig unbekannt.»

DAS PARADOX DES HERRN SIMPSON Paradox findet Professor Ehrmann diese Zahlen, und tatsächlich werden solche seltsamen Zusammenhänge in der Mathematik als «Simpsons Paradox» bezeichnet. Der Mathematiker E. H. Simpson beschrieb es erstmals 1951, und es sorgt seitdem für allerlei

Verwirrung. Dabei lässt es sich eigentlich ganz einfach erklären.

Bevor wir uns den Frauenfragen zuwenden, ein etwas einfacheres Beispiel. Was halten Sie von folgender Geschichte: Zwei Sportler, A und B, absolvieren beide eine Art abgespeckten Triathlon, bei dem sie zuerst laufen müssen und dann schwimmen. Zusammen 10 Kilometer. Sportler A bewältigt die Laufstrecke mit 15 km/h, B ist langsamer und läuft nur 12 km/h. A schwimmt auch schneller als B: 4 km/h gegenüber 3 km/h. Trotzdem legt B die Gesamtstrecke in 1 Stunde 40 Minuten zurück, A braucht 2 Stunden und 8 Minuten, ist also insgesamt langsamer. Wie kann das angehen?

Wahrscheinlich werden Sie protestieren, wenn Sie die Lösung hören. Bei den beiden Athleten waren nämlich die Disziplinen unterschiedlich kombiniert. A musste 2 Kilometer laufen und 8 Kilometer schwimmen, bei B war es umgekehrt! Und da ist es natürlich kein Wunder, dass B früher am Ziel ist, obwohl er in jeder Einzeldisziplin schlechter war als A.

Man kann die Situation auch graphisch darstellen, als ein Weg-Zeit-Diagramm von A (schwarz) und B (grau):

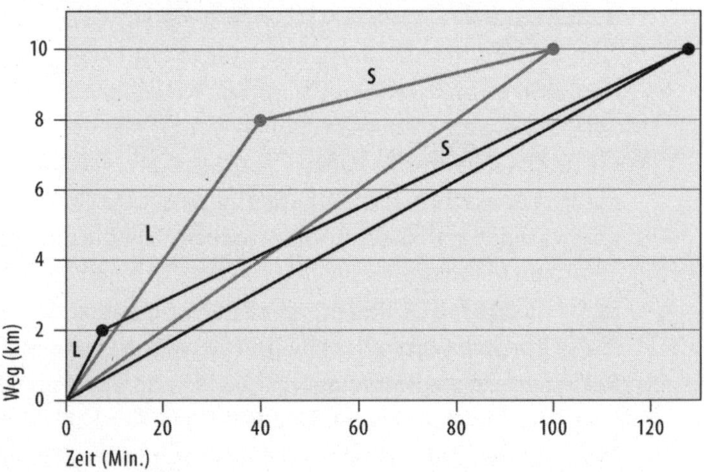

Die Steilheit jeder Strecke in dieser Graphik ist ein Maß für die Geschwindigkeit. Man sieht: Obwohl sowohl der mit L bezeichnete Lauf-Abschnitt von A als auch sein S-Abschnitt (Schwimmen) steiler sind als die von B, ist B am Ende doch schneller.

Kein Wunder natürlich, der Wettkampf war nicht fair. Und ähnlich ist es in der Geschichte mit den Bewerberzahlen. Die Daten sind übrigens wieder einmal echt: In den 1970er Jahren wurde an der kalifornischen Universität Berkeley tatsächlich über die angebliche Benachteiligung von Frauen bei der Zulassung diskutiert; es gab sogar eine Veröffentlichung im Wissenschaftsmagazin *Science,* in der gezeigt wurde, dass es sich hier um einen klassischen Fall von Simpson-Paradox handelte. Ich habe die exakten Zahlen von vier Fachbereichen aus dieser Publikation verwendet – die Fächer haben nur andere Namen bekommen.

Fach	männl. Bewerber	zugelassen	%	weibl. Bewerber	zugelassen	%
Englisch	825	512	62	108	89	82
Russisch	560	353	63	25	17	68
Spanisch	417	138	33	375	131	35
Italienisch	373	22	6	341	24	7
Summe	**2175**	**1024**	**47**	**849**	**261**	**31**

Man sieht noch einmal deutlich: In jedem einzelnen Fach war die Zulassungsquote der Frauen höher als die der Männer, trotzdem schneiden in der Gesamtschau die Frauen schlechter ab – nur 31 Prozent von ihnen werden zugelassen. Heißt das, dass Frauen diskriminiert werden? Oder, um es in Anlehnung an das Athleten-Beispiel zu formulieren: Müssen sie schwimmen, wo die Männer laufen dürfen?

Tatsächlich ist es so, dass sich die Frauen in großer Zahl die «schwierigeren» Disziplinen ausgesucht haben. Ein Blick auf die Tabelle zeigt: Im Fach Englisch wird die Mehrzahl der Bewerber angenommen (insgesamt etwa 64 Prozent), bei Italienisch sind es nur 6,5 Prozent. Und während die Männer vorwiegend die Fächer gewählt haben, bei denen man leicht einen Studienplatz ergattert (das «Laufen» sozusagen), drängen die Frauen vorwiegend in die beiden Fächer mit den härteren Aufnahmebedingungen, sie müssen quasi «schwimmen». Kein Wunder, dass dann in der Summe prozentual weniger Frauen zugelassen werden. Auch das kann man graphisch darstellen:

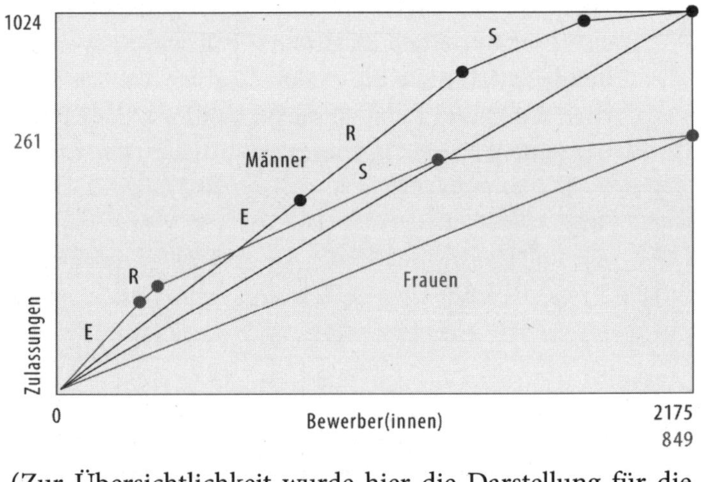

(Zur Übersichtlichkeit wurde hier die Darstellung für die Frauen so skaliert, dass sie genau so breit ist wie die für die Männer. Die schwarzen Streckenzüge haben also einen anderen Maßstab, aber die Verhältnisse und Steigungen sind dieselben!)

Man sieht: Die einzelnen Abschnitte sind bei den Frauen steiler als bei den Männern, aber die Gesamtsteigung ist flacher!

Bei allen Simpson-Paradoxa gibt es eine «verborgene Variable» – ein Umstand, der in der Gesamtschau nicht berücksichtigt worden ist. Bei den Sportlern ist es die ungleiche Verteilung der Lauf- und Schwimmstrecken, im Fall der Universität ist es die ungleiche Verteilung der Bewerber auf die einzelnen Fächer.

Manchmal ist diese verzerrende Nebenbedingung gar nicht so leicht zu erkennen. Noch ein Beispiel aus der Wirklichkeit: Die amerikanischen Fluggesellschaften veröffentlichen jedes Jahr eine «Pünktlichkeitsbilanz». Auf 30 ausgesuchten Flughäfen wird ermittelt, wie viele Prozent der Flüge verspätet gelandet sind. Dabei stand die Gesellschaft American West Airlines (inzwischen fusioniert mit US Airways) stets besser da als Alaska Airlines. Lässt das einen anderen Schluss zu, als dass die Fluglinie einfach zuverlässiger arbeitet als die Konkurrenz?

Die «verborgene Variable» ist in diesem Fall die Tatsache, dass die beiden Fluglinien nicht alle Flughäfen mit derselben Frequenz anfliegen. Jede Gesellschaft hat ihre «Hubs» oder Luftkreuze – Knotenpunkte im Netz, von denen die Linien sternförmig in alle Richtungen gehen. Bei American West ist das die Stadt Phoenix in Arizona – dort ist der Himmel das ganze Jahr über blau. Die kleine Alaska Airlines flog in der Vergangenheit überhaupt nur 5 der 30 großen Flughäfen an, und ihr Luftkreuz im amerikanischen Kernland war Seattle, ganz im Nordwesten gelegen und ein regelrechtes Nebelloch. So sahen 1991 die Zahlen für die beiden Fluggesellschaften auf den fünf Flughäfen aus, die sie beide anflogen:

	«Alaska Airlines»		«American West»	
	Flüge	% verspätet	Flüge	% verspätet
Los Angeles	559	11,1	811	14,4
Phoenix	233	5,2	5255	7,9
San Diego	232	8,6	448	14,5

San Francisco	605	16,9	449	28,7
Seattle	2146	14,2	262	23,3
Gesamt	**3775**	**13,3**	**7225**	**10,9**

Auf allen fünf Flughäfen stand Alaska Airlines besser da, trotzdem sieht es in der Summe besser aus für American West! Aber welche Betrachtung ist denn nun die richtige – die Gesamtschau oder der Blick aufs Detail? Da muss man uneingeschränkt sagen: Die detaillierten Tabellen verschaffen uns zusätzliche Informationen über einen scheinbaren Zusammenhang und können ihn glatt ins Gegenteil verkehren. Sie zeigen, dass die kleinere Airline bei schönem wie bei schlechtem Wetter pünktlicher ist als die Konkurrenz.

Auch das «Biathlon»-Beispiel versetzt uns in die Lage, «unfair!» zu rufen. Und bei der Frage «Frauendiskriminierung – ja oder nein?» muss man zu dem Schluss kommen: Die Frauen haben sich ja aus freien Stücken für die jeweiligen Fächer beworben; sie haben einfach den schwereren Weg gewählt. Daraus kann man der Hochschule keinen Vorwurf machen. Allenfalls könnte man überlegen, ob man die Fachbereiche, die offenbar Frauen besonders anziehen, vergrößert (nicht sehr wahrscheinlich), oder ob man die Bewerberinnen vorher besser beraten sollte.

Aber das geht nun über die Mathematik hinaus. Das Fazit ist: Aus der Gesamtbilanz auf eine Diskriminierung der Frauen zu schließen, war voreilig. Zusätzliche Informationen können dieses Bild umkehren und bilden die Wirklichkeit besser ab.

«AUSGERECHNET» Die folgende Tabelle zeigt echte Daten aus einer Untersuchung, die zwischen 1972 und 1994 in Großbritannien stattfand. Man wollte die Sterblichkeit von Rauchern und Nichtrauchern untersuchen. In jeder Altersgruppe schaute man, wie viele der Raucher bzw. Nichtraucher nach 20 Jahren gestorben waren. Dabei kam Folgendes heraus:

	55–64		65–74		55–74 kombiniert	
Raucher	51	44 %	29	80 %	80	53 %
Nichtraucher	40	33 %	101	78 %	141	56 %

Die schwarz gedruckten Zahlen suggerieren: Raucher überleben länger als Nichtraucher! Ist die Interpretation korrekt? Auflösung unter *www.rowohlt.de/mathematikverfuehrer*

MÄNNERPHANTASIEN

ODER
BIER, BEINE UND ANDERE EXTREME

Hochspannung in Hamburg: Auf welchen Tag wird in diesem Jahr der Frühling fallen? Im besten Fall verteilt sich die milde Luft über einige Stunden im April und Mai. Schlagartig cruisen dann Hunderte Cabrios über die Elbchaussee von einer roten Ampel zur nächsten – auf der Suche nach dem einzigen Parkplatz zwischen Altonaer «Balkon» und Blankeneser Hirschpark.

Gut frequentiert ist mit Garantie die «Strandperle», ein Kiosk mit überschaubarem Angebot an Ess- und Trinkbarem und hohem Kult- und Flirtfaktor. Jungvolk lagert auf dem fünf Handtücher breiten Strand zwischen Osterfeuer-Kohle und Golden-Retriever-Kot. Selbst die Beach-Clubs der Stadt kratzen nicht am Ruf der «Strandperle». Spätestens beim zweiten Besuch haben viele Besucher ihre Lektion gelernt und tragen eine Bastmatte unterm Arm.

Kolja und Jens, zwei Freunde, liegen zwischen Frauenzeitschriften-Redakteurinnen mit Heinz-Erhardt-Brille und dynamischen IT-Fachkräften mit abgestelltem Handy. Kartoffelsalat und Würstchen sind aus der «Strandperle», die Halbliter-Bierdosen mit dem vernünftigen Preis-Leistungs-Verhältnis stammen aus dem Supermarkt. Am kühl gelagerten Vorrat brechen sich die Wellen der Elbe. Auf dem schmalen Betonweg zeigen junge Frauen das erste Bein der Saison: enthaart, gebräunt, trainiert.

Dementsprechend abgelenkt, nimmt Kolja einen Schluck

und stellt die Dose in den Sand zurück. Die Dose kippt um, Gerstensaft gluckert in den Elbsand.
«Mist», flucht Kolja und rettet den Rest. «Dass diese Dosen nie im Sand stehen bleiben.»
«Das liegt daran, dass ihr Schwerpunkt ziemlich hoch liegt – genau in der Mitte der Dose.» Aus Jens spricht die Kompetenz von vier Semestern Physik. «Zumindest wenn sie voll ist», fügt er hinzu und dreht seine Dose fest in den Sand.
«Der Schwerpunkt ist immer in der Mitte», sagt Kolja und schafft es, als angehender Germanist sein Grundlagenwissen in einen einzigen Satz zu fokussieren. «Auch wenn die Dose leer ist, ist er in der Mitte. Dann fällt sie noch leichter um.» Mit dem Mittelfinger kickt er seine mit Sand beklebte Dose in die Waagerechte.
«Wenn die Dose leer ist», stimmt Jens nachdenklich zu, «dann hast du recht. Aber bevor sie leer ist, liegt der Schwerpunkt tiefer. Wenn sie, sagen wir, halb leer ist, liegt der Schwerpunkt des Bieres bei einem Viertel der Dosenhöhe. Das ist eine gute Voraussetzung, um stabil zu stehen, denn die Dose selbst ist gegenüber dem Bier ja ziemlich leicht. Deshalb liegt auch der Gesamtschwerpunkt nicht viel höher.» Jens packt die ausgekippte Dose, lässt sie hin- und herschwingen, Sonnenlicht bricht sich auf dem Gold.
Mit der flachen Hand glättet Kolja den Sand und malt mit dem Finger eine Kurve in Form eines U in die Fläche. «Der Schwerpunkt liegt also am Anfang, wenn die Dose voll ist, in der Mitte. Mit sinkendem Bierspiegel sinkt er nach unten. Wenn die Dose ausgetrunken ist, liegt der Schwerpunkt aber wieder im Mittelpunkt. Das heißt, es muss einen tiefsten Schwerpunkt geben, und danach steigt er wieder an.»
«Die Sache ist ziemlich klar», bestätigt Jens, «am Anfang ist viel Bier da und relativ wenig Dose. Mit jedem Schluck wird das Gewicht des Bieres geringer, und die Metalldose mit ihrem

hohen Schwerpunkt fällt relativ und buchstäblich mehr ins Gewicht.»
«Dann gibt es also dumme Trinkstrategien und kluge Trinkstrategien», entgegnet Kolja angeregt.
«Die dumme hatten wir schon», sagt Jens maliziös. «Man kippt die Dose um.»
«Gut, gut. Ideal geht es so: Du öffnest die Dose ...» Kolja demonstriert, was er sagt, mit einer vollen Dose. «Du trinkst und trinkst und stellst auf keinen Fall die Dose ab, du trinkst exakt so viel Bier, dass der niedrigste Schwerpunkt erreicht ist.» Koljas Blick bekommt dieses Entrückte, das dem Aufstoßen vorausgeht. «Dann steht sie am stabilsten im Sand.» Er stellt die Dose ab. «Und mit dem nächsten Schluck macht man sie leer, führt sie also ihrem eigentlichen Daseinszweck zu.» Der gelockte Kopf schräg vor Kolja schaut so weit zur Seite, dass Kolja das linke Ohr erkennt. Sie hört ihm zu. Er hat ihr Interesse geweckt. Ihr Begleiter hat zottiges Fell und macht den Eindruck, als sei er bestechlich. Kolja überlegt, wie viele Würstchen in der «Strandperle» wohl bestellt werden, um mit ihnen den Hund eines Traumpartners auf seine Seite zu ziehen.
«Was fehlt uns noch?», fragt Jens in diesem Moment. «Der ideale Füllstand, mit anderen Worten: der tiefste Punkt auf der U-förmigen Kurve, die du leicht verzittert in den Sand gegraben hast. Das ist eine sogenannte Extremwertaufgabe, für viele Oberschüler ein ziemlicher Horror. Dabei ist eine Kurvendiskussion eigentlich gar nicht schwer.»
«Muss ich nicht haben», wehrt Kolja ab. «Es sei denn, wir bitten eine der bemitleidenswert einsamen Frauen zu uns, damit sie den dritten Mann abgibt.»
«Sprich das Wort Kurvendiskussion nur aus, und sie brechen dir den Arm», erwidert Jens.
«Weißt du, dass die Blonde zum vierten Mal vorbeikommt? Diese Beine! Und gleich zwei davon!»

«Wie zwei Parallelen, die sich im Unendlichen schneiden» sinniert Jens.
«Man müsste näher ran», entgegnet Kolja, «wie ein investigativer Journalist. Unbestechlich und zupackend.»
«Aber nicht zu nahe.»
«Wieso denn nicht?»
«Um möglichst viel von den Beinen zu sehen, muss der Winkel, unter dem wir sie betrachten, möglichst groß sein.»
«Und schön.»
«Es gibt keine schönen und hässlichen Winkel.»
Jens nimmt einen Schluck Bier, und weil er kein Risiko eingehen will, noch einen. Dann sagt er: «Also wir haben eine Frau von fast eins achtzig. Sehr blond, sehr gerade, sehr stolz, Beinlänge über eins zehn. Wohlgefällig ruht unser Blick auf diesen Beinen …»
«Und auf der Unendlichkeit.»
«Die lassen wir jetzt beiseite. Tolle Frau, tolle Beine. Und vier Augen, die sehen wollen. Der Winkel muss groß sein. Wenn wir zu weit weg sind, ist er zu klein, denn nur ein kleiner Winkel unseres Blickfeldes wird von diesen Beinen eingenommen.»
«Also ran, wenn es der Wahrheitsfindung dient», sagt Kolja verträumt.
«Aber nicht zu sehr, denn dann wird der Winkel auch wieder kleiner.»
«Das ist männerfeindliche Mathematik.»
«Ich gehe natürlich davon aus, dass man sich der tollen Frau im aufrechten Gang nähert und nicht sabbernd über den Boden rutscht. Dann musst du irgendwann steil nach unten gucken, und die Beine nehmen wieder nur einen kleinen Teil des Blickfeldes ein.»
«Auch wieder richtig», gibt Kolja zu. «Kleiner Winkel, großer Winkel, kleiner Winkel – hört sich verdammt nach einer neuen Extremwertaufgabe an.»

«Wenn ich mir ein bisschen Mühe gebe, kann ich sicherlich den optimalen Abstand berechnen.»
«Ich lenke sie ab, und du berechnest.» Sachlich blicken sie zwei endlosen Beinen hinterher, die sich auf dem Betonweg Richtung Blankenese bewegen, wo die Unendlichkeit wohnt.

EXTREME AUFGABEN, DIE MUT ERFORDERN Extremwertaufgaben wie das Bierdosen- und das Beinproblem gehören in den Bereich der Differenzialrechnung, ein Teilgebiet der Analysis. Ein Bereich der Mathematik, bei dem viele Oberstufenschüler endgültig das Verständnis verlieren oder am eigenen Verstand zu zweifeln beginnen – da ist von unendlich kleinen Zahlen die Rede und von Grenzwerten, alles ziemlich abstrakte Konzepte, und das Rechnen mit ihnen ist nicht gerade einfach.
Hinzu kommt, dass häufig auch die Begriffe ein bisschen irreführend sind, um es milde auszudrücken. Eine «Kurvendiskussion» beispielsweise hat natürlich nichts mit demokratischem Debattieren zu tun. Stattdessen geht es darum, die Eigenschaften einer mathematischen Funktion zu untersuchen: Ist sie «stetig» (das heißt, ohne abzusetzen in einem Strich zu zeichnen) und «differenzierbar» (also glatt und ohne Ecken)? Hat sie lokale Maxima (also «Berge») und Minima («Täler»)? Wie stark ist ihre Krümmung? Das Ergebnis dieser «Diskussion» ist keine Ansichtssache, sondern wahr oder falsch.
Wenn man nach Maxima und Minima sucht, dann beschäftigt man sich mit der Steigung von Kurven. Und das wichtigste Ergebnis der Analysis ist, dass man eine Steigung nicht nur für gerade Strecken definieren kann, sondern auch eine «momentane Steigung» für jeden Punkt einer Kurve. Und das stimmt ja durchaus mit der Erfahrung überein: Wenn wir einen Berg hinaufsteigen, dann haben wir ein Gefühl für

die Steigung an jedem Punkt, auch wenn der Weg mal steiler und mal flacher ist.
Mathematisch ist die Steigung einer Kurve in einem Punkt definiert als die Steigung einer Tangente, die man an diesen Punkt anlegt. Und lokale Extremwerte findet man, indem man Punkte sucht, an denen die Steigung Null beträgt. Das ist fast schon alles.

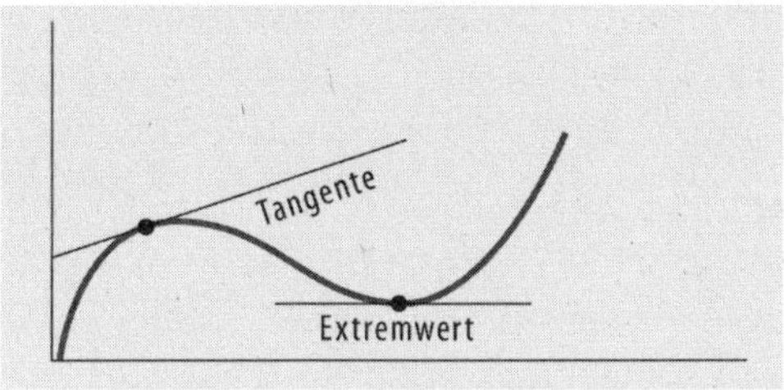

Aber leider nur fast. Denn wenn man nun jedem Punkt einer Kurve seine Steigung zuordnet, dann erhält man wieder eine Funktion, und die wird die «Ableitung» genannt. Die zu finden ist nicht ganz ohne, von ein paar einfachen Fällen abgesehen: Die Ableitung einer Geraden zum Beispiel ist eine Konstante, weil die Steigung in jedem Punkt gleich ist. Die Ableitung einer konstanten Funktion ist Null, weil das Bild dieser Funktion eine waagerechte Linie ist. In der Praxis ist es so, dass man die Ableitungen aller anderen möglichen Funktionen in Tabellen nachschauen kann (etwa indem man im Internet nach dem Wort «Ableitungsregeln» googelt), und das macht das Rechnen mit ihnen eigentlich ganz einfach.
Um zu Kolja und Jens zurückzukehren: Bei welcher Füllmenge liegt der Schwerpunkt der Bierdose am tiefsten? Weil die Dose schön rund ist, kann man sich auf die Betrachtung eines Längsschnitts beschränken, also auf ein Rechteck. Der Schwerpunkt S der leeren Dose (S_D) liegt genau in der Mitte des großen Rechtecks, der Schwerpunkt des Bieres (S_B) in der Mitte des kleineren, abhängig von der Höhe des Bier-

spiegels x. Wenn man die Dosenhöhe als Maßeinheit nimmt, so liegen die Schwerpunkte SD und SB bei ½ und x⁄2. Das x ist mit Bedacht gewählt, denn die Höhe der Bierfüllung ist ja die einzige veränderliche Größe in dieser Aufgabe, alles andere ist konstant.

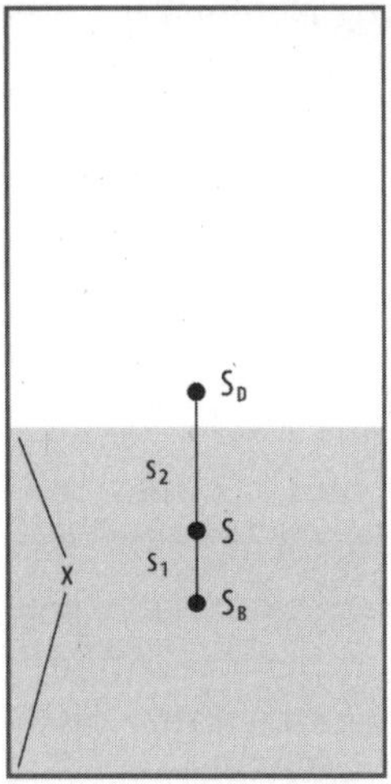

Wo aber liegt der Schwerpunkt der gesamten Dose inklusive Bier? Man könnte sagen: Genau in der Mitte zwischen den beiden Einzelschwerpunkten – aber das Bier ist um einiges schwerer als die Dose. Stattdessen muss man sich eine Erkenntnis zu Nutze machen, die zum Beispiel die Astronomen verwenden, wenn sie den Schwerpunkt eines Systems aus zwei Sternen berechnen: Der gemeinsame Schwerpunkt des Systems liegt auf der Linie zwischen den einzelnen Schwerpunkten, und er teilt diese Strecke im Verhältnis der beiden Massen – so, dass er näher an der schwereren Masse liegt. Wenn die beiden Teilstücke s_1 und s_2 heißen, dann gilt die Gleichung:

$$\frac{s_1}{s_1 + s_2} = \frac{Masse_{Dose}}{Masse_{Bier} + Masse_{Dose}}$$

Für die Masse der Dose können wir 25 Gramm ansetzen, das Bier hat etwa die Dichte von Wasser, deshalb wiegt der Inhalt einer Halbliterdose 500 Gramm, bei der teilweise gefüllten Dose sind es x-mal 500 Gramm. Der Ausdruck $s_1 + s_2$ ist gerade die Differenz zwischen S_D und S_B, also ½ – $x/2$. Damit ergibt sich:

$$\frac{s_1}{\frac{1}{2}-\frac{x}{2}} = \frac{25}{500x+25}$$

Diese Formel löst man nach s_1 auf:

$$s_1 = \frac{25}{500x+25} \cdot \frac{1-x}{2} = \frac{25-25x}{1000x+50} = \frac{1-x}{40x+2}$$

Um auf die Höhe des Schwerpunkts zu kommen, muss man zu dem Stückchen s_1 noch die Höhe des Bierschwerpunkts addieren, also $x/2$:

$$s(x) = \frac{x}{2} + \frac{1-x}{40x+2} = \frac{x(20x+1)+1-x}{40x+2} = \frac{20x^2+1}{40x+2}$$

Dort steht jetzt $s(x)$, um deutlich zu machen: Die Lage des Schwerpunkts ist eine Funktion der Füllhöhe x. Man kann diese Funktion zeichnen, das sieht dann so aus:

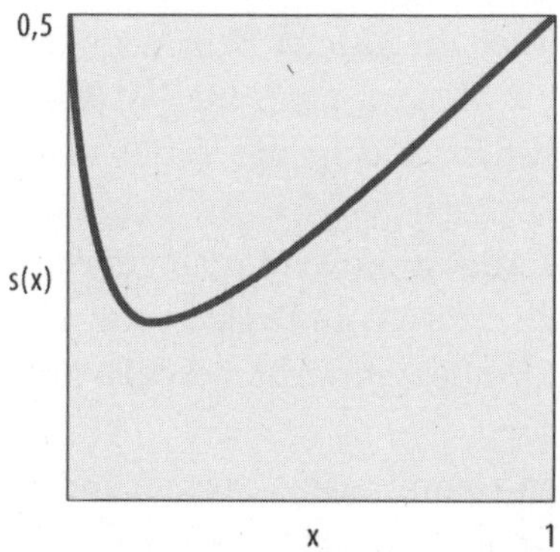

Deutlich ist zu sehen, dass es ein Minimum der Kurve gibt, das näher an der leeren als an der vollen Dose liegt.
Wo aber liegt der Punkt exakt? Dazu muss man die Steigung der Funktion s berechnen. Das Bild legt nahe, dass die zuerst negativ ist – die Kurve geht bergab – und später positiv – es geht bergauf. Der niedrigste Wert liegt genau da, wo die Steigung Null ist. Die genaue Rechnung steht im Kleingedruckten dieses Kapitels, und sie ergibt: Der Schwerpunkt der Bierdose liegt am niedrigsten, wenn die Füllhöhe etwas weniger als ein Fünftel beträgt. Kolja muss also mehr als 80 Prozent des Inhalts trinken, bevor er die Dose absetzen kann. Übrigens kann man sich leicht überlegen, dass dieser optimale Schwerpunkt genau auf der Oberfläche des Biers liegt!

SCHÖNHEIT FÜR UNERSCHROCKENE So, das Bierproblem hätten wir gelöst. Kommen wir nun zu den schönen Beinen. Um den besten Blickwinkel zu errechnen, ist aber noch etwas mehr Anstrengung gefordert als beim Bier. Aber das sollten die Beine wert sein.
Auch hier wird ein Extremwert gesucht, in diesem Fall der größte Winkel, unter dem sich die Beine der Dame betrachten lassen. Es beginnt wieder mit einer Zeichnung: Ein Mann, dessen Augen sich in einer Höhe m über dem Boden befinden, schaut einer Frau hinterher, die f Meter Bein zeigt. Der Abstand der beiden beträgt x Meter – auch hier ist das x wieder mit Bedacht gewählt, denn das ist die Variable, die es zu betrachten gilt.
Gesucht wird der Winkel α. Allerdings weiß man zunächst einmal wenig über ihn: Er gehört zu einem Dreieck, von dem nur eine Seite bekannt ist, und außerdem sieht dieses Dreieck recht unregelmäßig aus.
Bei geometrischen Problemen kommt man oft weiter, indem man nach rechtwinkligen Dreiecken sucht – auch hier ist

das der Fall: Zwei andere Winkel lassen sich leichter ermitteln, nämlich β und γ. Die liegen in Dreiecken, von denen zwei Seiten bekannt sind und die außerdem rechtwinklig sind. α erhält man dann, wenn man von 90 Grad β und γ abzieht.

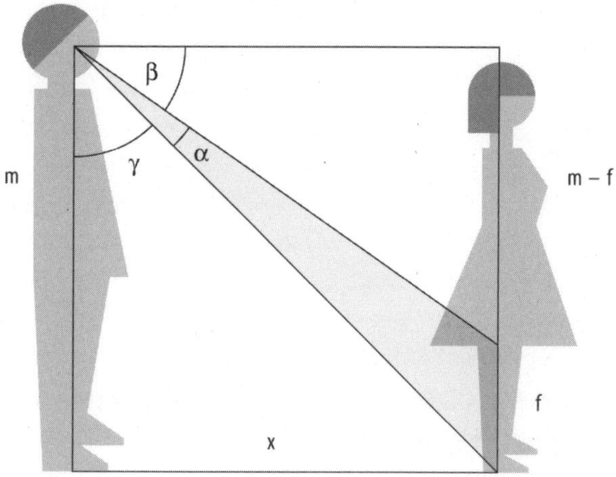

Um aus den Seiten eines Dreiecks die Winkel zu berechnen, braucht man die gefürchteten Winkelfunktionen wie Sinus, Cosinus und Tangens sowie ihre Umkehrfunktionen, die davor das Wörtchen «Arkus» tragen. Aber keine Angst – hier werden nur die grundlegenden Definitionen dieser Funktionen benutzt, den Rest schaut man nach oder überlässt die Berechnung dem Taschenrechner.

Der Winkel γ liegt in einem rechtwinkligen Dreieck, von dem die Seiten x und m bekannt sind – die beiden Katheten des Dreiecks. Der Quotient x/m wird auch der Tangens von γ genannt, tan(γ). Der Tangens ist die Funktion, die einem Winkel diesen Quotienten zuweist. Will man umgekehrt aus dem Quotienten den Winkel bestimmen, so muss man die Umkehrfunktion des Tangens benutzen, den Arkustangens. So entsteht die Gleichung

$$\gamma = \arctan\left(\frac{x}{m}\right)$$

… und die bedeutet nichts anderes als: Berechne den Bruch in der Klammer und schaue nach, welcher Winkel diesen Wert als Tangens hat. Also halb so wild. Ebenso enthält man für β den Wert

$$\beta = \arctan\left(\frac{m-f}{x}\right)$$

Der gesuchte Winkel α ist nun einfach die Differenz von β und γ:

$$\alpha(x) = 90 - \arctan\left(\frac{m-f}{x}\right) - \arctan\left(\frac{x}{m}\right)$$

Das x in Klammern soll wieder verdeutlichen, dass es sich um eine Funktion handelt, die von x abhängig ist! Für die Werte $m = 1{,}7$ und $f = 0{,}7$ lautet die Gleichung:

$$\alpha(x) = 90 - \arctan\left(\frac{1}{x}\right) - \arctan\left(\frac{x}{1{,}7}\right)$$

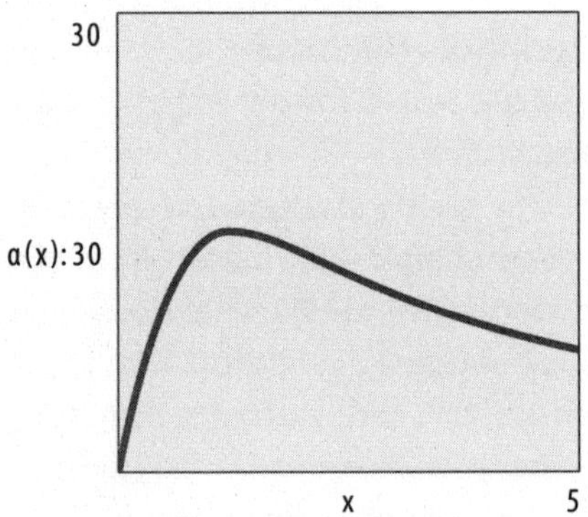

Die Kurve hat ein hübsches Maximum, und man sieht schon, dass der Mann der Frau ganz schön auf den Pelz rücken muss. Um das Maximum genau zu bestimmen, muss man wieder die Funktion ableiten und schauen, wann diese Ableitung (also die Steigung) Null ist. Rechnung im Kleingedruckten! Die Lösung lautet also:
Um den optimalen Betrachtungswinkel zu haben, muss der Herr der Dame in einer Entfernung folgen, die der Wurzel aus dem Produkt aus seiner Augenhöhe und der Höhe der Augen über ihrem Rocksaum entspricht. Für die Beispielwerte $m = 1{,}7$ und $f = 0{,}7$ beträgt dieser Wert gerade mal 1,30 Meter. Da würde das «Opfer» sich gewiss schon bedrängt fühlen. Und die Ausrede «Ich wollte nur Ihre Beine unter einem optimalen Winkel betrachten» dürfte dieses Gefühl wohl eher zur Gewissheit machen.

DAS KLEINGEDRUCKTE Die Bier-Funktion, deren Minimum wir suchen, ist

$$s(x) = \frac{20x^2 + 1}{40x + 2}$$

Wie berechnet man die Steigung der doch recht komplizierten Funktion $s(x)$? s ist aus mehreren Funktionen zusammengesetzt. Für Summen ist die Ableitung (also die Steigung) leicht zu berechnen, man bildet sie einfach für jeden Summanden. s ist aber ein Bruch, und dafür gilt ein komplizierteres Gesetz, das man wieder unter den Ableitungsregeln findet. Wenn eine Funktion ein Bruch aus zwei anderen Funktionen f und g ist, dann berechnet sich die Ableitung so:

$$s'(x) = \left(\frac{f(x)}{g(x)}\right)' = \frac{f'(x)g(x) - g'(x)f(x)}{g(x)^2}$$

Der Strich an einer Funktion (sprich: «f-Strich») ist das Zeichen für die Ableitung.
In diesem Fall ist $f(x) = 20 \cdot x^2 + 1$ und $g(x) = 40x + 2$. Jetzt muss man nur noch wissen, dass die quadratische Funktion x^2 die Ableitung $2x$ hat. Es ist also

$$f'(x) = 40x$$
$$g'(x) = 40$$

Wenn man nun alles einsetzt, ergibt sich folgender Bruch:

$$s'(x) = \frac{40x(40x+2) - 40(20x^2+1)}{(40x+2)^2} = \frac{1600x^2 + 80x - 800x^2 - 40}{1600x^2 + 160x + 4}$$

Alles sortieren und durch 4 kürzen, dann steht da:

$$s'(x) = \frac{200x^2 + 20x - 10}{400x^2 + 40x + 1}$$

Von dieser Funktion interessiert uns nur, wann sie Null wird. Das ist genau dann der Fall, wenn der Zähler über dem Bruckstrich Null ist (und der Nenner nicht). Also:

$$200x^2 + 20x - 10 = 0$$

… oder auch, nach Division durch 200:

$$x^2 + \frac{1}{10}x - \frac{1}{20} = 0$$

Das ist eine quadratische Gleichung. Die löst man mit der Formel auf S. 221:

$$x_{1,2} = -\frac{1}{20} \pm \sqrt{\frac{1}{400} + \frac{1}{20}} = -\frac{1}{20} \pm \sqrt{\frac{21}{400}} = \frac{-1 \pm \sqrt{21}}{20}$$

Es gibt zwei Lösungen für die quadratische Gleichung – aber eine davon ist eine negative Zahl, und die interessiert uns nicht, weil der Füllstand nicht negativ sein kann, deshalb gibt es eine eindeutige Lösung unseres Problems:

$$x_{\min} = \frac{\sqrt{21}-1}{20} \approx \frac{3{,}58}{20} = 0{,}179$$

Zur Lösung des «Bein-Problems»:
Gesucht ist das Maximum der Funktion

$$\alpha(x) = 90 - \arctan\left(\frac{1}{x}\right)\arctan\left(\frac{x}{1{,}7}\right)$$

Die Ableitung des Arkustangens schaut man in einer Tabelle nach, sie ist

$$\frac{1}{1+x^2}$$

Aber wie leitet man

$$\arctan\left(\frac{x}{1{,}7}\right)$$

ab? Das ist eine «verschachtelte» Funktion, und dafür gibt es eine spezielle Ableitungsregel: Wenn $g(x)$ und $h(x)$ irgendwelche Funktionen sind, dann ist die Ableitung der verschachtelten Funktion

$$g(h(x))' = h'(x) \cdot g'(h(x))$$

Sprich: Man leitet die «innere» Funktion ab und multipliziert sie mit der «äußeren» Ableitung.
Jetzt haben wir alles zusammen, um die Lösung zu berechnen – man darf nur keine Fehler machen …

$$\alpha'(x) = \frac{1}{x^2} \cdot \frac{1}{1+\left(\frac{1}{x}\right)^2} - \frac{1}{1{,}7} \cdot \frac{1}{1+\left(\frac{x}{1{,}7}\right)^2}$$

Das sieht nun erst einmal recht garstig aus – aber wenn man sich geduldet und alle Brüche und Klammern sauber ausmultipliziert, dann steht da:

$$\alpha'(x) = \frac{1}{x^2+1} - \frac{1{,}7}{x^2+1{,}7^2} = \frac{(x^2+1{,}7^2)-1{,}7(x^2+1)}{(x^2+1)(x^2+1{,}7^2)}$$

Die Sache scheint immer komplizierter zu werden, aber es ist Land in Sicht: Es ist nur interessant, wann der Ausdruck über dem Bruchstrich Null wird. Also:

$$(x^2 + 1{,}7^2) - 1{,}7(x^2 + 1) = 0$$
$$x^2(1 - 1{,}7) - 1{,}7(1 - 1{,}7) = 0$$

Man dividiert auf beiden Seiten durch (1 – 1,7) und sortiert um:

$$x^2 = 1{,}7$$

$$x = \sqrt{1{,}7} \approx 1{,}3$$

«AUSGERECHNET» David Hasselhoff liegt am Strand von Malibu und sieht, wie im Meer Pamela Anderson um Hilfe ruft. Es geht um Sekunden. Er ist 20 Meter vom Wasser entfernt, sie ist 20 Meter vom Ufer entfernt. Allerdings liegen entlang der Küstenlinie noch einmal 50 Meter zwischen ihnen. Der sportliche Retter läuft im Sand 5 Meter pro Sekunde, im Wasser schwimmt er 2 Meter pro Sekunde. Er könnte nun in möglichst gerader Linie zu ihr laufen und schwimmen (1) oder zunächst zu dem Punkt am Ufer laufen, von dem aus der kürzeste Weg im Wasser zu ihr führt (2) – oder irgendetwas dazwischen. Was ist die beste Strategie, um Pamela zu retten?

Auflösung unter *www.rowohlt.de/mathematikverfuehrer*

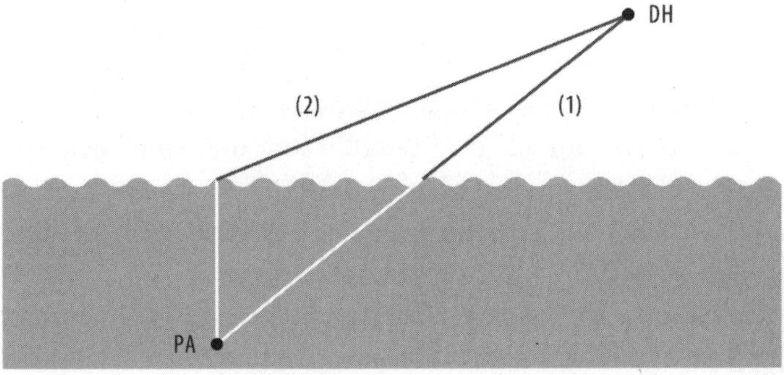

ZEIT IST GELD

ODER
EIN VERLOCKENDES ANGEBOT

«Guten Tag, Frau Weniger. Guten Tag, Herr Weniger.» Breit lächelnd kommt die schmale blonde Frau im dunkelblauen Business-Kostüm auf ihre Besucher zu und stellt sich vor: Saskia Weichmann, Kundenberaterin.
Während die junge Bankangestellte auf Pfennigabsätzen zu ihrem Schreibtisch hinter den Grünpflanzen stöckelt, registriert Georg Weniger ihre Rückansicht und, wohl bemerkt von der Gattin, auch das sanft schwingende Becken von Frau Weichmann. Aber Weniger denkt dabei gar nicht an 90–60–90, sondern an 3500 – so viel dürfte die Frau, die seine Tochter sein könnte, wohl verdienen. Das ist mehr, als er nach Hause bringt. Und sie wird das wissen, über seine wirtschaftlichen Verhältnisse sollte sie bestens informiert sein, solche Informationen sind für die Banker bares Geld wert. Der Gedanke, ein gläserner Kunde zu sein, behagt Weniger nicht.
Angefangen hat es mit dem Anruf in der letzten Woche. «Weichmann von der Sparbank in Wilmersdorf. Herr Weniger, ich sehe gerade, dass sich auf Ihrem Sparkonto im Lauf der Zeit ein hübsches Sümmchen angesammelt hat. Wir sollten einmal bei einer Tasse Kaffee darüber reden, wie Sie mehr daraus machen können. Die zweieinhalb Prozent Sparzinsen können ja nicht das letzte Wort sein.»
Auch in der Vergangenheit hat Weniger Anrufe von seiner Bank erhalten, nur klangen die ganz anders. Jedes Mal war ein anderer Sachbearbeiter an der Strippe, dessen Namen er nicht

kannte, jedes Mal dieser bemüht sachliche, unterschwellige, aber leicht respektlose Ton, in dem ihm mitgeteilt wurde, dass er seinen Dispo wieder einmal überzogen habe. Banken verstehen es, ihre Kunden rechtzeitig wissen zu lassen, dass sie ein Risikofaktor werden. Und nun ist plötzlich alles anders: der Ton und der Inhalt. Bei dem «hübschen Sümmchen» handelt es sich um 60 000 Euro – Ergebnis von 30 Jahren rigoroser Spardisziplin. Wenn am Monatsende etwas übrig war, hat der Betriebsschlosser Weniger es zurückgelegt, mal 30 Euro, mal 100. Schon häufiger hat er daran gedacht, das Geld nicht auf dem Sparkonto verkümmern zu lassen. Aber seine Scheu vor der komplizierten Welt der Geldanlage hat ihn paralysiert. Die Wenigers sind sich einig, dass sie sich keine Aktien oder Fonds aufschwatzen lassen wollen. Das ist nicht ihre Welt, sie wollen kein Risiko eingehen. Lieber eine kleine, aber sichere Rendite. Die beiden Kinder stecken noch in der Ausbildung.

«Kann ich Ihnen einen Cappuccino anbieten oder einen Latte?», möchte die Kundenberaterin wissen.

«Haben Sie auch einen normalen Kaffee?», fragt Weniger. Seine Frau nickt zustimmend. Die Sachbearbeiterin zieht los, um den Kaffee zu holen. «Das muss sie also noch selber machen», murmelt Weniger.

Als alle versorgt sind, schlägt die Angestellte ihre Mappe auf. «60 000 Euro», wiederholt sie zufrieden, «es wird wirklich höchste Zeit, dass wir uns zusammen etwas überlegen.»

«Mit Aktien will ich nichts zu tun haben», stellt Weniger gleich klar. «Mein Kollege hat damit einen fünfstelligen Betrag verloren, in wenigen Wochen. Ich kenne auch einige, die damals auf die Telekom reingefallen sind. Das muss ich nicht haben.»

«Sie sagten ja schon am Telefon, dass sie Wert auf eine sichere Geldanlage legen.»

«Ich sagte, dass ich ein konservativer Typ bin.»

«Das ist ja nichts, wofür man sich schämen muss», stimmt die Angestellte etwas eisig zu und bemüht sich, nicht an das Ende ihrer letzten Beziehung zu denken. Er war eindeutig zu konservativ gewesen, auf allen Gebieten. «Sie sagten mir ja schon am Telefon, dass Sie auf eine langfristige und sichere Geldanlage Wert legen», beschwichtigt die Kundenberaterin. «Und ich kann Ihnen sagen: Wenn Sie Ihr Geld eine Weile festlegen wollen, dann kann ich Ihnen ganz außergewöhnliche Konditionen anbieten!»

Weniger denkt: Wie würdest du mit mir reden, wenn mein Konto eine Null weniger hätte?

«Seit neuestem haben wir drei neue Anlageprodukte in unserem Portfolio», tönt Saskia Weichmann. «Keine Aktien, keine Fonds, keine Heuschrecken – und doch Anlageformen weit oberhalb der gewöhnlichen Verzinsung.»

«Und wie sicher sind die?», mischt sich Andrea Weniger ein.

«Die sicherste Variante ist die Verzinsung, wie Sie sie von Ihrem Sparkonto kennen. Wir nennen das die ‹klassische› Anlage.»

«Das ist doch nur was für Langweiler.»

Verdutzt schauen alle auf Frau Weniger. Leicht irritiert fährt die Expertin fort: «Aber wir haben noch erheblich mehr zu bieten. Einzige Voraussetzung: Sie müssten Ihr Geld für mindestens drei Jahre festlegen. Dafür bieten wir acht Prozent, langfristig garantiert. Derzeit erhalten Sie 2,5 Prozent.» Sie genießt die Wirkung, die ihre Zahlen hervorrufen.

«Klingt gut», gibt Weniger zu. «Drei Jahre sind in Ordnung. Wir sehen das Geld als Reserve für die fernere Zukunft.»

«Dann sind unsere anderen Angebote für Sie geradezu maßgeschneidert», behauptet die Weichmann eifrig. «In der ersten Variante – wir nennen sie die ‹geradlinige Anlage› – zahlen wir Ihnen auf jeden ursprünglich angelegten Euro jährlich 50 Cent obendrauf. Aus 100 Euro sind dann nach einem Jahr

150 geworden. Nach dem zweiten Jahr sind es 200, nach dem dritten 250 und immer so weiter. Und Sie wissen ja, die Zeit vergeht schnell.»

«Das ist ein Zinssatz von 50 Prozent», sagt Weniger beeindruckt.

«So ungefähr», stimmt die Weichmann flott zu. «Allerdings gibt es in diesem Fall keine Zinseszinsen. Dafür wächst Ihr Kapital sensationell schnell an.»

«Garantiert?»

«Garantiert», sagt die Weichmann und hebt den Arm zur Schwurhand, aber nur kurz.

«Klingt gut», gibt Weniger zu. Vielleicht war es doch richtig, den Termin nicht in letzter Minute abzusagen, was er am liebsten getan hätte, aber Andrea drängte, endlich zur Bank zu gehen.

«Die dritte Variante ist noch unglaublicher», fährt die Beraterin fort, die allmählich auf Touren kommt. «Wir nennen sie die ‹dynamische Anlage›. Bei der bekommen Sie auf 100 Euro Ihres angelegten Geldes im ersten Jahr 5 Euro Rendite, also weniger als bei den anderen Modellen. Aber dann kommt der Clou: Im zweiten Jahr zahlen wir Ihnen 10 Euro, danach 15, danach 20 und so weiter. Im zehnten Jahr bekommen Sie 50 Euro ausgezahlt.»

Weniger schaut ratlos seine Frau an.

Die Beraterin hält eine bunte Graphik in die Höhe. «Hier sehen Sie alle drei Varianten noch einmal im Vergleich. Sehen Sie sich in Ruhe an, wie sich eine Einlage von 100 Euro in den nächsten zehn Jahren entwickeln wird. Und denken Sie immer daran: Es geht um Ihr Geld, und das soll sich doch kräftig vermehren, oder?» Wenigers studieren die Graphik. «Die dunkelgraue Linie beschreibt die klassische Verzinsung, die hellgraue Linie zeigt die dynamische Anlage. Die schwarze Linie schließlich führt Ihnen die geradlinige Verzinsung vor Augen.»

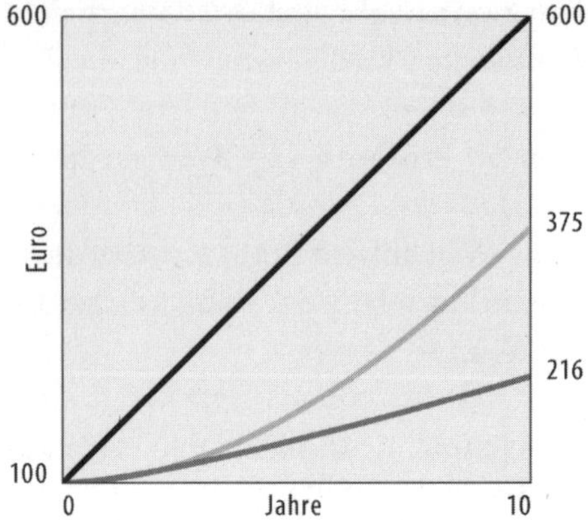

Ungläubig schaut Frau Weniger auf das Diagramm. «Aus 100 Euro werden 600? In nur zehn Jahren? Da muss man doch nicht lange überlegen. Das machen wir doch sofort, Georg, oder?»

Weniger kennt die Neigung seiner Andrea, sich schnell zu entscheiden. Er hat in der Familie die Rolle des Bedenkenträgers übernommen, die er überzeugend ausfüllt. «Wo ist der Haken?», will er wissen. «Da ist doch ein Haken, oder?»

«Es handelt sich um ein außergewöhnliches Angebot», holt die Weichmann weit aus. «Außergewöhnliche Angebote können wir nur unter außergewöhnlichen Bedingungen machen, die Sie aber nicht schrecken müssen. Sie sagten ja schon, dass Sie Ihr Engagement langfristig sehen. Sehr langfristig.»

«Wie langfristig?»

«40 Jahre bei der geradlinigen Variante, 60 bei der dynamischen.»

Am Tisch wird es ganz still.

«40 Jahre?», wiederholt Frau Weniger ungläubig. «60 Jahre? Da leben wir doch gar nicht mehr.»

«Wir sparen ja nicht für uns, sondern für unsere Kinder», geht

es Frau Weichmann, die keine Kinder hat, besonders leicht von den Lippen.
«Aber doch nicht für unsere Enkelkinder!» Andrea Weniger ist jetzt doch empört.
«Ich gebe Ihnen die Unterlagen mit nach Hause», flötet Saskia Weichmann dazwischen. «Überschlafen Sie die reizvollen Angebote. Wäre Ihnen 16 Uhr 30 recht? Nächsten Donnerstag, nicht in 40 Jahren.»
Die Weichmann verabschiedet die Wenigers und sagt: «Für Fragen stehe ich Ihnen jederzeit telefonisch zur Verfügung. Denken Sie daran: 2,5 Prozent ist heute. Was morgen sein wird, liegt allein in Ihren Händen.»
Vor der Bankfiliale atmen die Wenigers tief durch. «Wo steht der Taschenrechner?», fragt Herr Weniger energisch. «Das rechnen wir in aller Ruhe mit den Kindern durch.»

WACHSTUM IST NICHT GLEICH WACHSTUM Es ist zu hoffen, dass zumindest einer der Sprösslinge der Wenigers ein bisschen von Mathematik versteht – denn dann wird sich schnell zeigen, dass das Angebot der Sparbank ziemlich windig ist.
Zunächst einmal: Natürlich machen die Banken keine solchen Angebote, das Beispiel ist völlig fiktiv und soll nur zeigen, dass unser gesunder Menschenverstand nicht sehr gut darin ist, verschiedene Arten von Wachstum miteinander zu vergleichen. Ansonsten: Wer von seiner Bank 8 Prozent für Spareinlagen mit dreijähriger Laufzeit angeboten bekommt, der sollte unbedingt zuschlagen.
Aber auch bei dem fiktiven Angebot der Sparbank ist die zunächst unterlegen aussehende «klassische» Anlage zu 8 Prozent Zinsen die beste. Um die drei Anlageformen zu vergleichen, reicht es nicht aus, 10 Jahre in die Zukunft zu blicken. Unter den «kreativen» neuen Verzinsungsmodellen

wird das Geld ja frühestens nach 40 Jahren frei. Werfen wir also einen Blick darauf, wie die drei Modelle sich in 40 Jahren entwickeln:

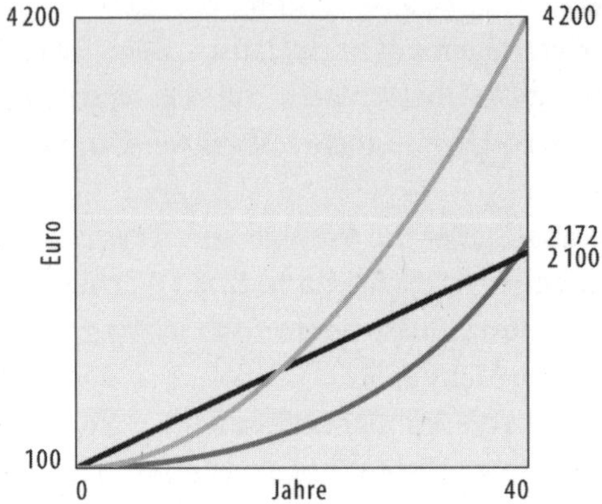

Eine Anmerkung zu den Kurven: In der Realität wie in der Geschichte werden die Zinsen ja einmal pro Jahr ausbezahlt. Deshalb ergibt sich eigentlich keine glatte Kurve, sondern eine «Treppe» mit einer Stufe pro Jahr. Hier in der Zeichnung sind diese Treppen durch «glatte» Kurven ersetzt worden, und zwar folgendermaßen:

«Geradliniges Modell»

$$y = 100 + 50x$$

«Dynamisches Modell»

$$y = 100 + (1 + 2 + ... + x) \cdot 5 = 100 + \frac{x(x+1)}{2} \cdot 5$$
$$= \frac{5}{2}\left(x^2 + x + 40\right)$$

«Klassisches Modell» (8 % Zinsen)

$$y = 100 \cdot 1{,}08^x$$

Wie man auf das Ergebnis in der dritten Gleichung kommt, dazu mehr im Anhang auf S. 217!

Mathematisch gesagt, ist das geradlinige Modell ein Fall von linearem Wachstum (wie man schon an der geraden schwarzen Linie sieht), das dynamische Modell wächst quadratisch (in der Gleichung kommt *x* in der zweiten Potenz vor), und das klassische Modell ist ein Beispiel für exponentielles Wachstum (*x* steht in der Gleichung im Exponenten).

Nach 40 Jahren ist das so eindrucksvolle lineare Wachstum, bei dem es jährlich 50 Euro auf die Hand gibt, von beiden anderen Modellen überholt worden. Zum Zeitpunkt seiner frühesten Auszahlung stellt es also die schlechteste der drei Anlagen dar, und der Abstand vergrößert sich von Jahr zu Jahr. Also: Finger weg!

Die hellgraue Linie dagegen scheint ihren Vorsprung immer weiter auszubauen. Der «dynamische» Sparplan hat nach 40 Jahren das Vermögen auf mehr als das 40-Fache anwachsen lassen – doppelt so viel wie bei den beiden anderen Methoden. Sollten die Wenigers da zuschlagen?

Vorsicht, an dieses Geld kommen ja frühestens die Kinder und Enkel nach 60 Jahren heran. Deshalb muss man die Kurven noch etwas länger betrachten:

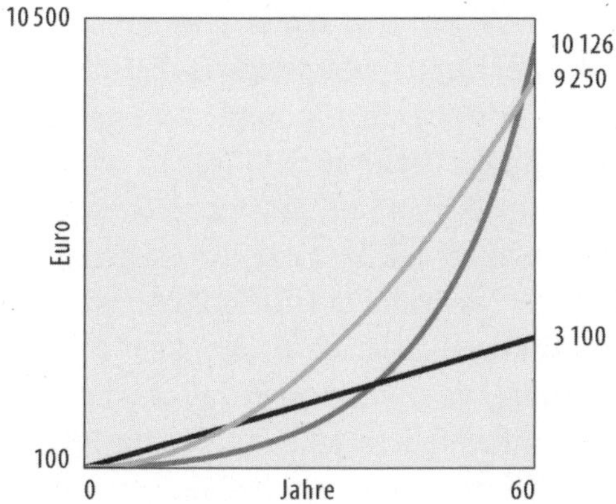

Und nach 60 Jahren hat der anfangs so langsam wachsende «klassische» Sparplan nicht nur den «geradlinigen», sondern auch den «dynamischen» überholt. Das bedeutet: Die gewöhnliche Anlage mit Zins und Zinseszins ist immer noch am besten und schlägt die «kreativen» Modelle der Marketingabteilung der Bank. Die Wenigers sollten zum klassischen Sparmodell greifen und einen möglichst hohen Zinssatz aushandeln.

Dass das quadratische Wachstum das lineare schlägt und das exponentielle wiederum das quadratische, liegt nicht nur an der Wahl der spezifischen Zahlenwerte. Es gilt immer. Genauer gesagt: Jede Kurve einer positiv wachsenden quadratischen Funktion wird jede beliebige Gerade irgendwann «überholen» – selbst wenn die sehr steil ist. Und genauso wird jede exponentielle Funktion, auch wenn der «Zinssatz» nur ein hundertstel Prozent beträgt, jede quadratische Funktion (und jede Funktion, bei der x in der 3., 4. oder auch 1000. Potenz vorkommt) irgendwann schlagen.

Banken zahlen Zinsen gewöhnlich jährlich oder halbjährlich aus, es ergibt sich also keine «glatte» Kurve des Kontostands. Man kann aber, zumindest theoretisch, die Verzinsungsintervalle immer kürzer machen, sodass sich irgendwann eine sogenannte «stetige Verzinsung» ergibt. Und dabei stößt man auf eine Zahl, die weniger populär ist als das berühmte π (siehe S. 205), aber für die Mathematik mindestens genauso wichtig: die Eulersche Zahl e (siehe auch S. 56).

Weil es nun um Mathematik geht und nicht um echtes Geld, gehen wir von einem Anfangswert von 1 aus und einem Jahreszinssatz von 100 Prozent. Nach einem Jahr wächst das «Kapital» auf 2, nach zwei Jahren auf 4, nach n Jahren auf 2^n an.

Wie sieht die Entwicklung aus, wenn man nicht jedes Jahr 100 Prozent Zinsen bekommt, sondern jedes halbe Jahr 50 Prozent? Dann wächst das Kapital in einem halben Jahr auf 1,5, in einem Jahr auf 1,5 · 1,5 = 2,25 an. Der «effektive Jahreszins» beträgt also nicht nur 100 Prozent, sondern 125 Prozent! Wenn man nun jedes Dritteljahr (also alle 4 Monate) mit 33,3 Prozent verzinst, dann kommt nach einem Jahr noch ein höherer Wert heraus:

$$\left(1+\frac{1}{3}\right)^3 \approx 2{,}37$$

also eine Verzinsung von 137 Prozent. Wächst dieser Wert nun immer weiter, wenn man die Verzinsungsperioden immer kleiner macht? Nein:

n	$\left(1+\frac{1}{n}\right)^n$
10	2,5937...
100	2,7048...
1 000	2,7169...
1 000 000	2,7182...

Ziemlich langsam, aber stetig strebt diese Folge auf einen Grenzwert zu: eben die Zahl $e = 2{,}718\,281\,828\,45\ldots$ Wie π ist auch e eine irrationale, transzendente Zahl (siehe S. 221).
Bei der stetigen Verzinsung wächst das Kapital mit der Funktion $y = e^x$. Diese e-Funktion hat eine einzigartige Eigenschaft: An jeder Stelle x ist nicht nur der Wert der Funktion e^x, sondern auch die Steigung. Man kann auch sagen: Die momentane Zunahme der Funktion ist gleich dem Funktionswert. Diese Eigenschaft, dass das momentane Wachstum direkt vom momentanen Wert einer Größe abhängt, haben viele Prozesse in der Natur. Zum Beispiel Bakterienkolonien: Um wie viel sie zunehmen, hat damit zu tun, wie viele Bakterien schon da sind, weil jede einzelne Bazille sich in einem bestimmten

Zeitrhythmus teilt. Solche Prozesse lassen sich mit der *e*-Funktion (oder allgemein mit Exponentialfunktionen) gut beschreiben. Gleichzeitig widerstreben sie unserer Intuition. Die ist doch eher auf lineares Wachstum geeicht: Wir gehen davon aus, dass es irgendwie so weitergeht wie bisher. Wir neigen dazu, exponentielle Wachstumsprozesse am Anfang zu unterschätzen oder gar nicht wahrzunehmen – bis wir plötzlich merken, dass da etwas wild wuchert. Dann ist es meistens zu spät.

WAS SO HARMLOS BEGINNT ... kann einem schnell über den Kopf wachsen. Das musste zum Beispiel der indische Herrscher erfahren, der vom damals neuen Schachspiel so begeistert war, dass er dem Erfinder anbot, ihm einen Wunsch zu erfüllen. Der wünschte sich Reis – ein Korn fürs erste Feld des Schachbretts, zwei für das zweite, vier für das dritte ... mit jedem Feld wurde die Zahl der Körner verdoppelt. Der Herrscher war erstaunt über so viel Bescheidenheit, er dachte, das wird wohl ein Säckchen mit Reis sein. Tatsächlich hätte er für das 64. Schachfeld 9 223 372 036 854 775 808 Körner hinlegen müssen. Überschlägt man die gesamte Reismenge, dann kommt man auf etwa 500 Milliarden Tonnen – das ist ungefähr das 1000-Fache der jährlichen Welt-Reisproduktion.
Wir verschätzen uns nicht nur bei solchen Verdoppelungs-Szenarien, sondern auch bei der ganz gewöhnlichen Verzinsung von Geld. Als schlechtester Immobiliendeal aller Zeiten gilt der Verkauf von Manhattan an die Holländer für 24 Dollar durch die Indianer im Jahr 1624. Wenn die Ureinwohner dieses Geld mit einem Zinssatz von 5 Prozent angelegt hätten, dann wäre es bis heute auf einen Betrag von über 3 Milliarden angewachsen. Das ist zwar weniger als der Immobilienwert von Manhattan, aber eine hübsche Stange Geld. Und bei einem Zinssatz von 8 Prozent (der über 383 Jahre

sicherlich schwer zu realisieren ist) wäre das Vermögen auf einen Betrag von über 150 Billionen Dollar angewachsen!
Ein anderes Beispiel für exponentielles Wachstum findet sich in der folgenden, etwas hinterhältigen Rechenaufgabe: Die von Seerosen bedeckte Fläche eines Teichs verdoppelt sich jeden Tag. Nach einem Monat ist der Teich zugewachsen – wann war er halb mit Seerosen bedeckt? Die korrekte Antwort ist natürlich: einen Tag vorher.

ALARM AM VIKTORIASEE Das Seerosen-Beispiel ist gar nicht so aus der Luft gegriffen. Die Anwohner des Viktoriasees beispielsweise haben seit etwa 20 Jahren mit der Ausbreitung der Wasserhyazinthe zu kämpfen. Diese Pflanze, die ursprünglich aus Brasilien stammt, wurde 1988 erstmals in dem afrikanischen See gesichtet. Weil sie dort keine natürlichen Feinde hat, konnte sie sich ungehindert ausbreiten und alle 14 Tage die von ihr bedeckte Fläche verdoppeln. 1998 schließlich war der Schaden durch die Pflanze nicht mehr zu übersehen: Dichte Teppiche säumten die Uferregionen, Schiffe blieben stecken. Schließlich bedeckten die Pflanzen eine Fläche von 180 km^2. Das war zwar nur ein viertel Prozent der Seeoberfläche, aber zumindest theoretisch wäre der Viktoriasee nach weiteren 9 Verdoppelungen, also 18 Wochen, vollständig überwuchert gewesen!
Nachdem man lange Zeit vor allem mit mechanischen Mitteln die wuchernden Hyazinthen bekämpfte, also das Zeug abmähte, zerhäckselte und sogar zu Möbeln verarbeitete, kam man schließlich auf die Idee der biologischen Schädlingsbekämpfung: Man importierte einen Feind der Wasserhyazinthe, den Rüsselkäfer. Der zerfrisst die Blätter, nistet sich im Stiel ein und legt dort seine Eier ab. Die Larven zerstören die Pflanze von innen, sie sinkt auf den Boden des Sees und verfault dort.

Der Vorteil der biologischen Bekämpfung liegt auf der Hand: Während man nur eine begrenzte Zahl von Mäh- und Häckselmaschinen kaufen kann, die dem exponentiellen Wachstum der Wasserpflanzen niemals gewachsen sein können, passt sich die Zahl der Käfer an die Zahl der Wasserhyazinthen an – mehr Pflanzen bedeuten mehr Nahrungsangebot und damit mehr Käfer. Und so ging die Zahl der wuchernden Pflanzen in den folgenden Jahren radikal zurück.

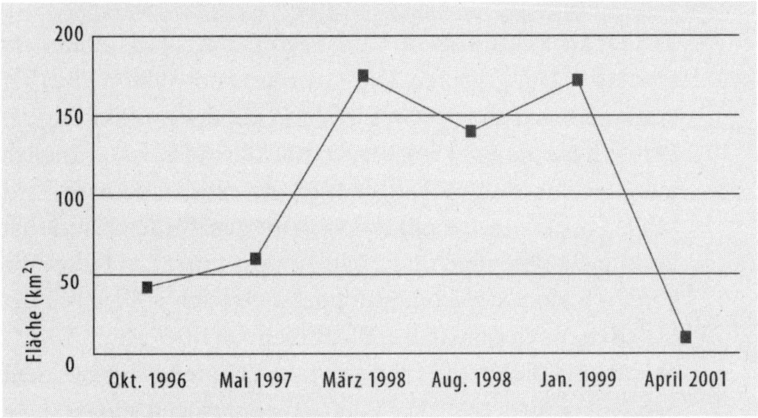

So weit sieht die Geschichte nach einem Happy End aus – aber dann stieg die Zahl der Wasserhyazinthen wieder an. Das ist ein typisches Verhalten eines Räuber-Beute-Systems (in diesem Fall sind die «Räuber» die Rüsselkäfer und die «Beute» die Wasserhyazinthen). Zunächst einmal bremsen die Räuber das exponentielle Wachstum der Beutewesen, deren Zahl geht sogar stark zurück. Das bedeutet aber auch, dass die kräftig gewachsene Räuberpopulation weniger zu fressen hat – aus Nahrungsmangel sterben viele Räuber, und das gibt der Beute die Chance, sich wieder zu vermehren.
Hier ein typisches Beispiel, wie sich die Räuber- und Beutepopulationen entwickeln:

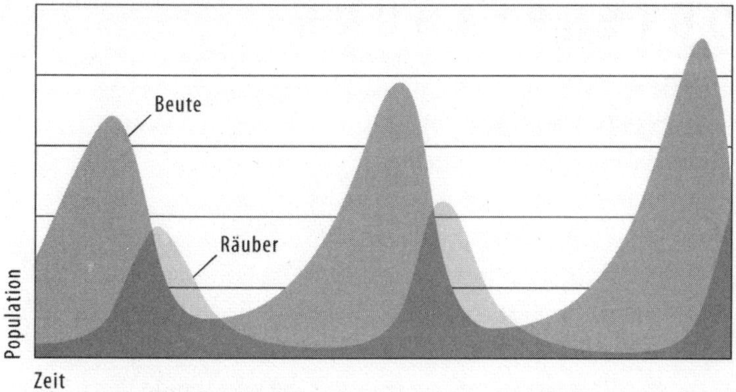

Man sieht: Die Räuberpopulation hinkt immer etwas hinter der Beutepopulation her. Und auch für den Viktoriasee muss man annehmen: Mit dem ersten Erfolg durch die Rüsselkäfer ist der Kampf gegen die Öko-Pest der Wasserhyazinthen noch lange nicht gewonnen.

«AUSGERECHNET» Man legt einen Dominostein dicht an den Rand einer Tischplatte. Nun baut man Stein für Stein eine Treppe aus Dominosteinen, die sich über die Tischplatte «hinauslehnt». Wie weit kann diese Treppe maximal «überstehen», ohne herunterzufallen?
Auflösung unter *www.rowohlt.de/mathematikverfuehrer*

ROUTENPLANUNG

ODER
MINISTER AUF REISEN

Bonn, 1. Dezember 1966. Willy Brandt, Außenminister der Großen Koalition, übernimmt seine neue Aufgabe. Bis gestern war er Regierender Bürgermeister der Metropole West-Berlin, jetzt musste er in die biedere Bundeshauptstadt übersiedeln, um sein Amt als Vizekanzler und Außenminister unter Kurt-Georg Kiesinger anzutreten, dem Verlegenheitskandidaten der CDU mit Nazi-Vergangenheit. Eine Zweckehe.

9 Uhr morgens. Auf dem voluminösen Nussbaumschreibtisch im Auswärtigen Amt steht eine Vase mit Nelken, daneben ein Adventskranz mit brennender Kerze. Brandt sitzt im Ledersessel und blickt leer vor sich hin – die Nachwehen seiner jährlichen Novemberdepression.

Es klopft, ein junger Mann federt herein, Kurzhaarschnitt, grauer Trevira-Anzug. Er strahlt den unbedingten Willen aus, gute Arbeit zu leisten. Herbert Freiling von der Protokollabteilung heißt den neuen Minister willkommen. Er schont den bekennenden Morgenmuffel Brandt nicht und kommt gleich zum Thema. «Entschuldigen Sie, dass ich Sie schon am ersten Tag mit Dienstgeschäften behellige», sagt der Protokollbeamte, «es geht um Ihre Antrittsbesuche in den fünf anderen EWG-Ländern. Wir sollten sie schnell planen und auf die Empfindlichkeiten unserer Verbündeten Rücksicht nehmen.»

«Was?», brummt Brandt. «Da soll ich überall hin? Auch nach Luxemburg?» Sofort denkt er darüber nach, ob er soeben ausreichend Rücksicht auf die Empfindlichkeit des kleinen Verbündeten genommen hat.

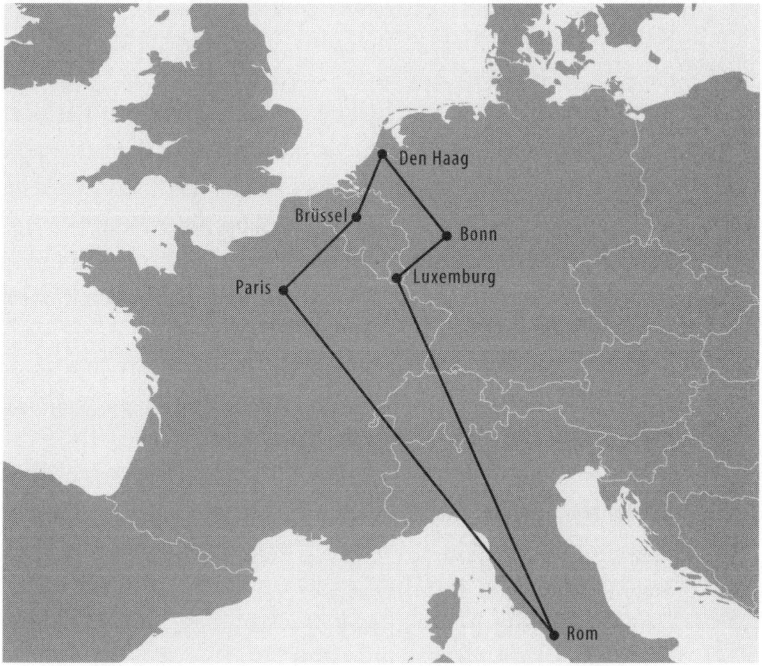

«Auch nach Luxemburg», bestätigt der Youngster vor dem Schreibtisch. «Ich schlage vor, dass wir eine Rundreise machen, dann können wir alles in einem Aufwasch erledigen.»
Freiling erlaubt sich ein schelmisches Augenzwinkern. Brandt denkt: Das kann ja lustig werden.
«Na gut», sagt der Minister, «dann planen Sie mal. Und nehmen Sie vor allem den kürzesten Weg. Ich habe Wichtigeres zu tun, als Höflichkeitsbesuche bei den Kollegen zu absolvieren. Das ging eben nicht gegen die Luxemburger.»
Freiling lacht mit seinem Minister, dafür lebt ein Beamter.
«Auf dem kürzesten Weg, sehr wohl», erwidert er hochmotiviert. «Ich habe zufällig eine Europakarte mit den sechs

Hauptstädten bei mir – wollen wir die Reiseroute gleich auf der Karte festlegen?»

«Bevor ich mich schlagen lasse», knurrt Brandt wenig begeistert. «Ist ja hoffentlich schnell gemacht.» Der Außenminister beugt sich über die Landkarte – und zögert. «Hm. Vielleicht doch nicht so einfach. Ich schlage vor, wir fangen bei den Holländern an, dann fahren wir nach Brüssel, danach Paris. Und dann erhebt sich die Frage: erst Rom und dann Luxemburg oder erst Luxemburg und zum Abschluss Rom?»

Freiling schnappt sich ein Lineal vom Schreibtisch und misst die Strecken aus. «Erst nach Rom, das ist ein bisschen kürzer. Ich zeichne die Route auf der Karte für Sie ein.»

«Dann machen Sie mal», sagt Brandt knapp. «Und nun muss ich den Pressespiegel lesen. Der Außenminister muss schließlich wissen, was in der Welt los ist!»

ERSTE OPTIMIERUNG Bonn, 17. Mai 1974. Hans-Dietrich Genscher tritt sein neues Amt als Außenminister an. Durch den Rücktritt von Bundeskanzler Willy Brandt wurde eine Kabinettsumbildung erforderlich – Walter Scheel, der bisherige Außenminister, hat die Wahl zum Bundespräsidenten gewonnen, und Genscher konnte vom Innen- auf das Außenministerressort überwechseln. Sein Traumjob!

Endlich Außenminister! Genscher tigert in seinem neuen Büro auf und ab, bleibt vor der großen Weltkarte stehen. Er ist bereit. Im Geiste jettet er schon mal über den Planeten. So viele Länder! Von einigen allerdings, das muss er zugeben, hat er noch nie gehört.

Es klopft, ein junger Mann, Anfang dreißig vielleicht, Kurzhaarschnitt, schwarzer Anzug, tritt ein. Er strahlt den Willen aus, gute Arbeit zu leisten. Herbert Freiling von der Protokollabteilung heißt den neuen Minister willkommen. Als erfahrener Vertreter des Protokolls erkennt er sofort: Dieser neue

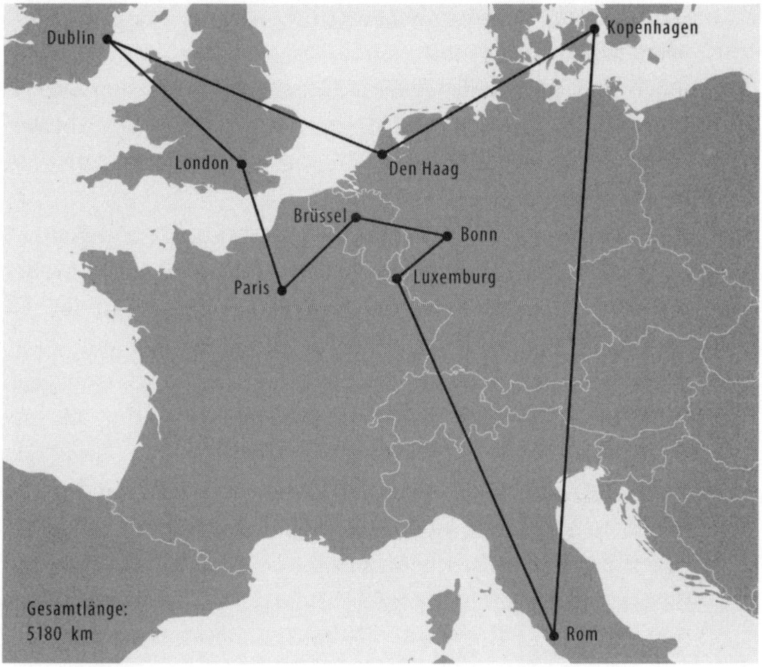

Minister kann es kaum erwarten loszulegen. Genscher freut sich sichtlich auf sein neues Amt – nur die Fußballweltmeisterschaft im eigenen Land, die in vier Wochen beginnt, die hätte er doch gern noch als dafür zuständiger Innenminister erlebt, lässt er Freiling wissen.

Da kann Freiling ihn beruhigen. In weiser Voraussicht hat er dem Minister eine Karte für das Spiel Deutschland gegen Chile reserviert. «Sollte unsere Elf die Vorrunde überstehen, wird doch ohnehin das halbe Kabinett auf der Tribüne sitzen», prophezeit Freiling.

Dann kommt er zum Thema. «Es ist üblich, dass der Außenminister möglichst bald nach der Amtsübernahme einen Antrittsbesuch bei seinen europäischen Kollegen macht. Seit dem letzten Jahr hat die EG ja nun neun Mitglieder, das könnte strapaziös werden.» Freiling wackelt bedenklich mit dem Kopf. Er fühlt mit.

«Ach was, strapaziös», wehrt Genscher ab. «Haben Sie die Reise schon durchgeplant? Wo muss ich zuerst hin? Am besten nehmen wir die kürzeste Route, wir wollen ja bis zur WM wieder zu Hause sein.»

«Ich habe eine Europakarte bei mir. Wenn wir mal gemeinsam einen Blick darauf werfen könnten?» Und schon breitet Freiling die knisternde Karte auf dem Ministerschreibtisch aus.

«Halma ist einfacher», brummelt Genscher, der sich nicht gern mit komplizierten Details aufhält. «Vielleicht fahre ich erst mal nach Kopenhagen, dann nach Den Haag …»

«Ich würde erst Brüssel nehmen, dann Paris und London …»

«Meinen Sie, das ist kürzer? Ach, machen Sie mal und geben Sie mir morgen Bescheid. Ich muss jetzt mit dem Bundeskanzler telefonieren. Dieser Kohl von der CDU stänkert schon gegen die neue Regierung. Da muss Schmidt was tun!»

Am nächsten Morgen steht Freiling Punkt neun im Büro des Außenministers mit einem Endlosstreifen von Computerausdrucken unter dem Arm, den er vor den Augen des verdutzten Ministers auf dem Boden ausbreitet. «Das Problem war doch schwieriger als gedacht», seufzt er. «Es gibt nämlich 20 160 verschiedene Möglichkeiten einer Rundtour durch die neun EG-Hauptstädte, und davon wollten wir ja die kürzeste finden. Zum Glück haben wir einen dieser modernen Computer im Haus. In der letzten Nacht hat der Computer fünf Stunden gerechnet. Ich habe Ihnen die kürzeste Route gleich in die Karte eingezeichnet.» Freiling breitet die Karte aus.

«Sieht doch ganz plausibel aus», murmelt Genscher. «Und dafür braucht ein Computer fünf Stunden? Dann bin ich gespannt, was in den nächsten Jahren schneller gehen wird – die Erweiterung Europas oder die Entwicklung der Computer.»

Freiling schüttelt sich. «Können Sie sich wirklich eine Union mit 15 oder 20 Staaten vorstellen? Dann würden die Verhandlungen in Brüssel ja noch langwei… äh, langwieriger.»
«Warten Sie's ab, Freiling», sagt der Minister lächelnd, «die Geschichte macht zuweilen Sprünge! So, und nun planen Sie mir mal all die schönen Reisen …»

KAPITULATION VOR DER GROSSEN ZAHL Berlin, 22. November 2005. Der neue Außenminister der Großen Koalition tritt sein Amt an. Frank-Walter Steinmeier kennt sich in dem Glaspalast aus, als Kanzleramtsminister unter Gerhard Schröder war er oft mit auswärtigen Angelegenheiten befasst, besonders wenn sein Chef dem Alpha-Konkurrenten Joschka Fischer von den Grünen mal wieder zeigen wollte, wer die Richtlinienkompetenz vorgibt.
Es klopft, ein Mann tritt ein, graue Haare, grauer Anzug. Herbert Freiling von der Protokollabteilung heißt den neuen Minister willkommen.
Sieh an, denkt Steinmeier, einer der letzten Dinos. Er bedankt sich, man plaudert. «Ist ja eigentlich nur ein Bürowechsel», sagt der Minister. «Meine Arbeit wird nicht viel anders sein als bisher. Reisen, Reisen, Reisen …»
«Genau darum geht es. Unter Ihren Vorgängern war es üblich, dass der neue Minister baldmöglichst einen Antrittsbesuch in den Hauptstädten der EU macht.»
«Das ist doch nicht Ihr Ernst!», braust der sonst eher bedächtige Steinmeier auf. «Die EU hat 25 Mitgliedsstaaten, bald werden es 27 sein. Sie glauben doch nicht wirklich, dass ich die alle abklappern will? Außerdem kenne ich die Kollegen doch alle schon. Machen Sie mir Termine in Paris, London, Warschau und meinetwegen Rom – die Kollegen der anderen Länder sehe ich noch früh genug. Und jetzt entschuldigen Sie mich bitte, ich muss die Kabinettssitzung vorbereiten.»

DER ÜBERFORDERTE ROUTENPLANER Um gleich die erfundene Frage des Außenministers Genscher zu beantworten: Die Computer von heute sind etwa 30 000-mal so schnell wie die Maschinen, mit denen bei seinem Amtsantritt gerechnet wurde. Gegen die gestiegene Komplexität des Reiseproblems hingegen hätten sie heute dennoch keine Chance: Bei 27 EU-Staaten sind etwa 10^{22}-mal so viele Rechnungen erforderlich wie bei 9! Den optimalen Weg durch die 27 Hauptstädte könnten selbst die modernsten Supercomputer nur in jahrhundertelanger Arbeit errechnen – bis dahin gibt es wahrscheinlich längst die Weltregierung.

Das Problem der kürzesten Rundreise wird in der Mathematik auch als das «Problem des Handlungsreisenden» bezeichnet. Es findet zum Beispiel dann Anwendung, wenn ein Roboter-Bohrer auf einer Leiterplatte Hunderte von Löchern bohren muss – da ist es wichtig, einen Weg zu finden, wie der Bohrer die Aufgabe möglichst schnell erledigen kann.

In der Schule hört man von diesem Optimierungsproblem wenig – es steckt recht wenig «reine» Mathematik darin. Denn prinzipiell ist die Sache einfach: Man schaut sich alle möglichen Wege an, ermittelt die Länge und wählt den kürzesten aus.

Wie viele mögliche Wege aber gibt es? Wenn die Rundreise durch n Städte führt, dann hat man am Start $n - 1$ Möglichkeiten für die erste Stadt, die man besucht. Für die nächste Station bleiben noch $n - 2$ Städte zur Auswahl, und so weiter. Man muss also das Produkt aller Zahlen von 1 bis $n - 1$ bilden – aber Vorsicht: Dabei kommt jeder Rundkurs zweimal vor, da man ihn ja auch in der umgekehrten Richtung durchlaufen kann. Die Zahl aller möglichen Wege ist also

$$\frac{1 \cdot 2 \cdot 3 \cdot \ldots \cdot (n-1)}{2}$$

Dafür schreibt man auch kürzer:

$$\frac{(n-1)!}{2}$$

Das spricht sich «*n* minus 1 Fakultät halbe». Diese «Fakultät» kommt in vielen kombinatorischen Berechnungen vor, und das Ausrufezeichen ist die Kurzschreibweise dafür. Die Zahl der möglichen Wege wächst rasant, wie eine kleine Tabelle zeigt:

n	$\frac{(n-1)!}{2}$
3	1
5	12
10	181 440
20	$6 \cdot 10^{16}$
50	$3 \cdot 10^{62}$
100	$5 \cdot 10^{155}$

Für große Werte von *n* ist die praktische Berechnung unmöglich – nicht weil man nicht wüsste, wie das geht, sondern weil es bislang keinen Computer gibt, der das könnte. Und auch wenn die Computer schneller werden – das Problem mit 101 Städten braucht schon wieder 101-mal so viele Rechnungen wie das mit 100 Städten. Jeder technische Fortschritt wird sofort von dem Problem aufgefressen.

Wenn es jedoch auch hoffnungslos sein mag, die beste Lösung zu finden – findet man denn wenigstens eine gute? Also eine, die vielleicht maximal 10 Prozent länger ist als die beste? Dafür gibt es tatsächlich Methoden, und zwei einfache davon sollen hier vorgestellt werden. Demonstriert wird die Sache am Beispiel der 9 Städte, die Genscher zu bereisen hatte – denn da kennen wir die optimale Lösung

und können berechnen, wie weit unsere gefundenen Strecken vom Optimum abweichen.
Hier ist zunächst einmal eine Entfernungstabelle der 9 Städte:

	Bn	DH	Br	Lux	Pa	Ro	Lo	Du	Ko
Bn	0	240	190	140	400	1040	520	980	660
DH	240	0	240	280	380	1210	290	690	590
Br	190	240	0	190	260	1100	310	790	760
Lux	140	280	190	0	280	970	490	960	800
Pa	400	380	260	280	0	1080	350	790	1020
Ro	1040	1210	1100	970	1080	0	1420	1870	1510
Lo	520	290	310	490	350	1420	0	480	950
Du	980	690	790	960	790	1870	480	0	1250
Ko	660	590	760	800	1020	1510	950	1250	0

Der optimale Rundkurs (Bonn – Brüssel – Paris – London – Dublin – Den Haag – Kopenhagen – Rom – Luxemburg – Bonn) hat eine Länge von 5180 Kilometern. Das ist die Latte, an der sich die Näherungslösungen messen lassen müssen!
Die erste Strategie: Sie geht davon aus, dass es keinen Sinn hat, kreuz und quer durch Europa zu reisen. «Global denken – lokal handeln» ist die Devise: Man geht von jeder Stadt aus zu der, die am nächsten liegt und noch nicht besucht wurde. Das macht sich auch zunächst ganz gut: Von Bonn fährt man nach Luxemburg, dann nach Brüssel, Den Haag und London. Dann aber wird es schwieriger: Der nächstliegende noch nicht besuchte Ort ist Paris, und als Nächstes muss man in einem hässlichen Zickzack nach Dublin reisen. Von da geht es über Kopenhagen und Rom zurück nach Bonn.
Die Gesamtlänge dieses Rundkurses beträgt 5800 Kilometer – knapp 12 Prozent mehr als die optimale Strecke! Der Grund dafür: Diese Methode ist «kurzsichtig» – sie berücksichtigt

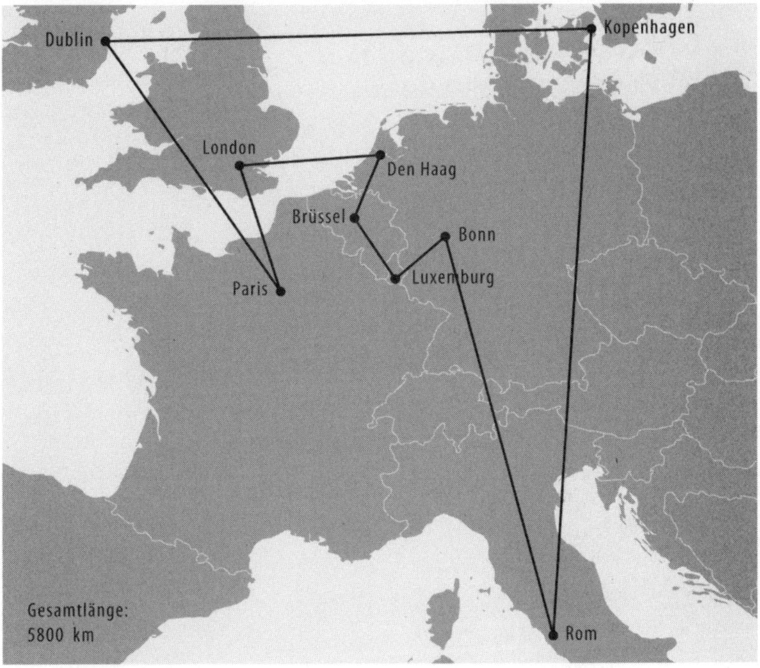

immer nur die Städte in der näheren Umgebung, und am Schluss bleiben nur die am weitesten entfernten Orte übrig. Und um die dann einzubeziehen, muss man einige große Umwege in Kauf nehmen.

Es gibt ein anderes Verfahren, das den umgekehrten Weg geht und als Erstes die weit entfernten Orte abklappert. Diese «Global»-Methode funktioniert so:

1. Suche den am weitesten vom Startpunkt entfernten Ort (in diesem Fall: Rom) und verbinde die beiden Orte.

2. Suche den Ort, der von *beiden* bisher abgehakten Städten am weitesten entfernt ist. Genauer gesagt: Bestimme den Ort so, dass das Minimum der Entfernungen zu Bonn und Rom möglichst groß ist. In diesem Fall ist das Dublin. Zeichne den Rundkurs durch die drei bisherigen Städte.

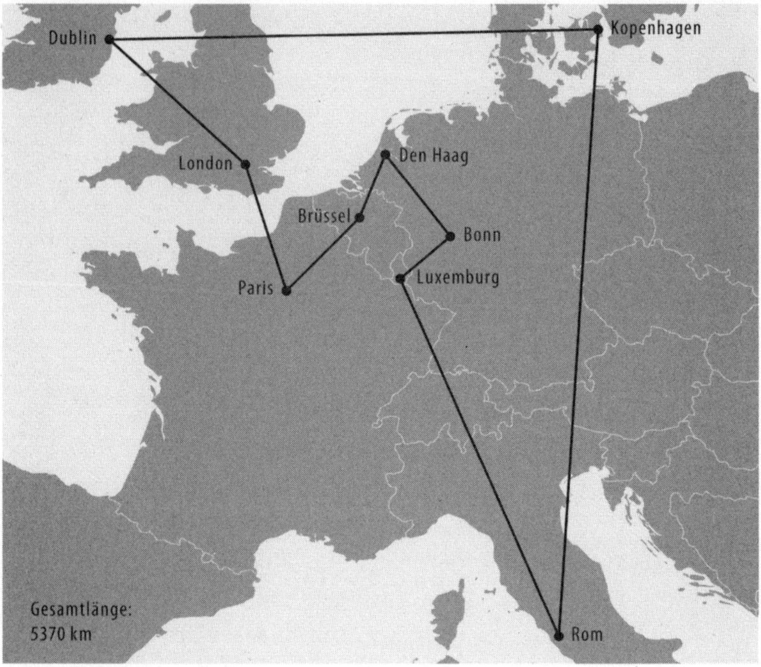

3. Suche wieder den Ort, dessen minimale Entfernung zu den drei Städten die größte ist (Kopenhagen). Füge ihn so in den Rundkurs ein, dass die Gesamtlänge am wenigsten zunimmt (es ergibt sich der Kurs Bonn – Dublin – Kopenhagen – Rom).
4. Verfahre entsprechend Schritt 3, bis alle Städte in die Rundreise eingefügt sind.

Auf diese Weise erhält man einen Rundkurs von 5 370 Kilometern, also nur 3,7 Prozent mehr als das Optimum! Das wäre sicherlich ein erträglicher Mehraufwand. Beide Näherungsverfahren für den Rundkurs erfordern einen vertretbaren Rechenaufwand. Beim «Lokal»-Verfahren müssen, grob geschätzt, etwa n^2 Rechnungen durchgeführt werden, beim «Global»-Verfahren etwa n^3. Und diese Zahlen wachsen viel langsamer als die «Fakultät» für die exakte Lösung:

n	$\frac{(n-1)!}{2}$	n^2	n^3
3	1	9	81
5	12	25	125
10	181 440	100	1 000
20	$6 \cdot 10^{16}$	400	8 000
50	$3 \cdot 10^{62}$	2 500	125 000
100	$5 \cdot 10^{155}$	10 000	1 000 000

Probleme wie das des Handlungsreisenden, die prinzipiell einfach zu lösen, aber aufgrund der explodierenden Rechenzeit nur schwer zu berechnen sind, gibt es viele in der Mathematik. Ein anderes ist die Zerlegung von großen Zahlen in ihre Primfaktoren – auf ihrer praktischen Unberechenbarkeit beruhen die Verschlüsselungssysteme, die uns den sicheren Internetverkehr garantieren. Die einzige Hoffnung zur Lösung dieser Probleme ruht auf den sogenannten Quantencomputern. Die sollen eines Tages solche Optimierungsprobleme dadurch lösen, dass sie etwa für den Handlungsreisenden alle möglichen Wege gleichzeitig berechnen und den kürzesten herauspicken. Aber das ist Zukunftsmusik – bis dahin müssen wir uns mit guten, aber eben nicht optimalen Näherungslösungen zufrieden geben. Und unser Internet-Bankverkehr ist vorerst sicher.

«AUSGERECHNET» Die folgende Aufgabe wurde von Leonhard Euler (siehe S. 214) erstmals allgemein gelöst: In der Stadt Königsberg fließen zwei Arme des Flusses Pregel zusammen, außerdem gibt es in der Flussmitte eine Insel. Insgesamt 7 Brücken verbinden die unterschiedlichen Ufer A, B, C und D.

Kann man einen Sonntagsspaziergang machen, bei dem man jede Brücke genau einmal überquert?
Auflösung unter *www.rowohlt.de/mathematikverfuehrer*

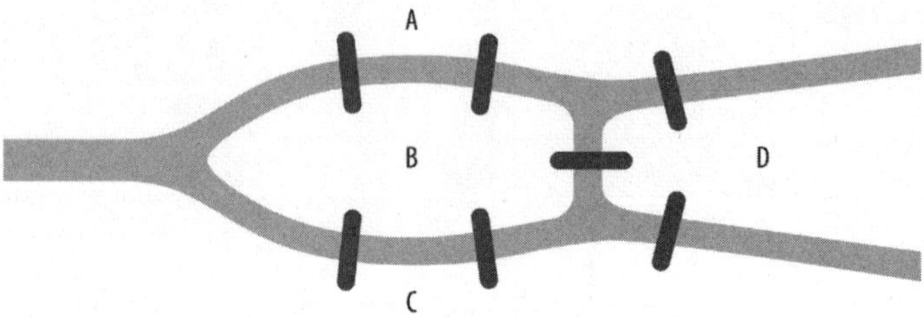

IN DEN STRASSEN VON MANHATTAN

ODER PYTHAGORAS VOR GERICHT

Ort der Handlung: Appellationsgericht des Staates New York.
Datum: 20. Oktober 2005
Handelnde Personen:
Richterin
Angeklagter
Verteidigerin
Staatsanwältin

Richterin: Angeklagter, Ihnen wird vorgeworfen, dass Sie im März 2002 an der Kreuzung 40th Street und 8th Avenue einem in Zivil gekleideten Polizeibeamten Rauschgift zum Kauf angeboten haben, genauer gesagt: Crack.
Angeklagter: Das habe ich ja längst zugegeben.
Richterin: Aber heute geht es um die Frage, ob es sich hier um einen besonders schweren Fall handelt. Und da gibt es den Paragraphen 220 des Strafgesetzbuchs, der besagt, dass ein besonders schwerer Fall vorliegt, wenn die Tat auf einem Schulgelände begangen wird beziehungsweise im Umkreis von 1000 Fuß von einer Schule.
Hier habe ich einen Stadtplan, da ist der Ort Ihrer Verhaftung eingezeichnet, und die nächste Schule, die Holy-Cross-Grundschule, liegt gut drei Blocks entfernt. Wie weit ist es denn nun zu der Schule?
Verteidigerin: Aus den Ermittlungsakten geht hervor, dass die Polizei einen Beamten losgeschickt hat, der zu Fuß den

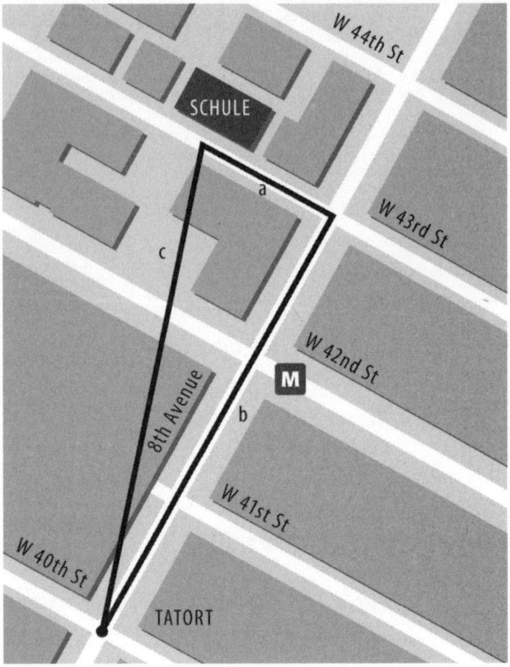

Weg ausgemessen hat. Einmal ist er entlang der 43rd Street und der 8th Avenue gegangen, dabei kamen 1294 Fuß heraus. Dann ist er noch einmal die Abkürzung über den Parkplatz zwischen den Gebäuden gegangen, und die Distanz betrug 1091 Fuß. Das war der kürzest mögliche Weg – und er war länger als 1000 Fuß, deshalb liegen die Voraussetzungen für einen besonders schweren Fall nicht vor.

Staatsanwältin: Einspruch, Euer Ehren! Es geht um den Abstand zwischen Tatort und Schule, und den misst man nicht, indem man einen Polizeibeamten losschickt. Sondern man bestimmt die Luftlinie. Sie erinnern sich vielleicht an den Satz des Pythagoras? Der beschreibt, welche Länge die Hypotenuse in einem rechtwinkligen Dreieck hat, wenn man die beiden kürzeren Seiten kennt, die sogenannten Katheten.

Angeklagter: Soll das jetzt 'ne Mathestunde werden, oder was?

Staatsanwältin: Glücklicherweise sind die Straßen in New York ja meistens rechtwinklig angelegt, sodass wir hier einen sehr einfachen Fall vorliegen haben, den man sogar ohne Stadtplan lösen kann.

(Sie deutet auf die Karte, die auf einem Ständer im Gerichtssaal steht.)

Die Strecke auf der 43rd Street von der Schule bis zur 8th Avenue, auf der Karte mit a bezeichnet, beträgt 490 Fuß. Die drei Blocks auf der 8th Avenue zwischen 43. und 40. Straße, mit b bezeichnet, haben eine Länge von 764 Fuß. Um die Strecke c zu berechnen, die Luftlinie zwischen Schule und Tatort, müssen wir die Wurzel aus der Summe der Kathetenquadrate ziehen …

(Sie schreibt auf ein Flipchart, das neben der Karte steht, eine Formel.)

Für c gilt

$$c = \sqrt{a^2 + b^2} = \sqrt{490^2 + 764^2} = \sqrt{240\,100 + 583\,696}$$
$$= \sqrt{823\,796} \approx 908$$

908 Fuß – das sind deutlich weniger als 1000. Also ist der besonders schwere Fall nach Paragraph 220 gegeben!

Angeklagter: Luftlinie – dass ich nicht lache! Dann kommen also die Grundschüler wie die Vögelchen geflogen, um sich bei mir mit Drogen zu versorgen?

(Seine Verteidigerin versetzt ihm unter dem Tisch einen leichten Tritt mit dem Fuß.)

Verteidigerin: Euer Ehren, der Sinn dieses Paragraphen ist es, die Kinder räumlich vor den Aktivitäten der Drogenhändler zu schützen. Der praktische Versuch des Polizeibeamten hat eindeutig bewiesen, dass der Fußweg, egal in welche Richtung, länger ist als 1000 Fuß, und damit ist der entsprechende Schutz gegeben!

Richterin: Sie wollen also die Entfernung davon abhängig machen, ob ein Gebäude im Weg steht oder nicht? Müssen wir dann vielleicht jedes Mal überprüfen, ob und zu welchen Zeiten das Gebäude öffentlich zugänglich ist und ob man vielleicht da durchgehen kann, um den Weg abzukürzen?

Staatsanwältin: Es gibt im Übrigen jede Menge Präzedenzfälle, in denen immer nach dem Satz des Pythagoras entschieden, also die Luftlinie als Kriterium festgelegt wurde. Etwa im Staat Indiana, wo Alkoholläden einen gewissen Mindestabstand zur nächsten Kirche einhalten müssen.

Angeklagter: Genau, das sind doch die viel schlimmeren Dealer!

Richterin (schlägt mit ihrem Hammer auf den Tisch): Ruhe! Mein Urteil steht fest: Die Beschwerde des Angeklagten wird abgelehnt, das Urteil der Vorinstanz wird bestätigt. Begründung: Der Sinn des Gesetzes ist es, einen Radius um die Schulen zu legen, innerhalb dessen die Schüler sicher sind vor Gefährdungen durch den Drogenhandel. Es kann nicht angehen, dass man dabei den Bebauungszustand des jeweiligen Stadtviertels berücksichtigen muss. Der 1000-Fuß-Abstand ist daher ganz im Sinne von Herrn Pythagoras als per Luftlinie gemessener Abstand zu verstehen. Die Sitzung ist geschlossen.

DER BEKANNTESTE SATZ DER MATHEMATIK Auch wenn es in diesem (authentischen) Fall wahrscheinlich einfacher gewesen wäre, den Abstand zwischen Schule und Tatort einfach auf dem Stadtplan abzumessen – der Satz des Pythagoras ist so bekannt und elementar, dass er sogar in der Rechtsprechung benutzt wird. In einem anderen Fall wurde er herangezogen, als ein Gefängnisinsasse dagegen klagte, mit einem anderen

Gefangenen zusammen in einer Zelle untergebracht zu sein – der Gestank der Zellentoilette würde ihn belästigen. Mit Hilfe von Pythagoras wurde die Luftlinie zwischen der oberen Liege des Doppelstockbetts und der Toilette berechnet.

Auf die Frage «Wie viel ist a^2 plus b^2?» wird man von fast allen Menschen die spontane Antwort «c^2!» bekommen. Der Prozentsatz derer, die diese Gleichungen dann auch noch erklären können, ist wohl erheblich kleiner.

Die Ursprünge des Satzes liegen im Dunkeln – sicher ist nur, dass er nicht von Pythagoras stammt. Schon die alten Ägypter benutzten ihn, dort gab es die Zunft der «Harpedonapten». Die maßen mit sogenannten Zwölfknotenschnüren rechte Winkel ab. In Indien benutzte man ähnliche Seile, und auch in China und Babylon waren sogenannte «pythagoreische Tripel» bekannt, also Dreiergruppen von ganzen Zahlen, die dem Pythagoras-Gesetz gehorchen.

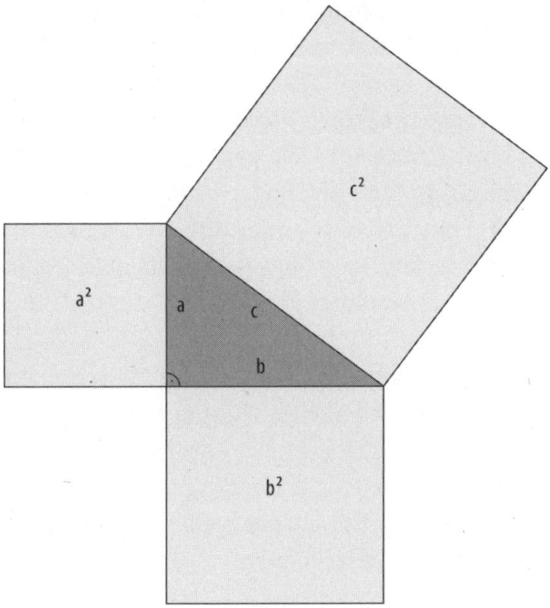

Das berühmte Gesetz stammt aber, wie erwähnt, gar nicht von Pythagoras, dem Begründer des nach ihm benannten Ordens (siehe S. 96). Euklid war es, der den Satz in seinem Buch *Elemente*, einer Sammlung der geometrischen Sätze seiner Zeit, nach dem alten Mathematiker und Philosophen benannte.

Der Satz des Pythagoras macht eine Aussage über die drei Seiten eines rechtwinkligen Dreiecks. «Das Quadrat der Hypotenuse ist gleich der Summe der Kathetenquadrate.» Wieder so ein Horrorsatz aus der Schulzeit, und man muss sich nicht unbedingt merken, welche der Seiten nun die Hypotenuse ist (und wie man sie schreibt). «$a^2 + b^2 = c^2$» ist griffiger, wobei mit c die längste Seite des Dreiecks bezeichnet wird.

Die Gleichung lässt sich nach a, b oder c auflösen, und man kann also, wenn man zwei Seiten kennt (und natürlich einen Winkel, eben den rechten) die dritte Seite berechnen. Das ist eine Besonderheit – für allgemeine Dreiecke geht das nur, indem man die Winkelfunktionen Sinus und Cosinus heranzieht, und das ist schon erheblich höhere Mathematik. Aber der Satz findet auch auf viele andere geometrische Figuren Anwendung. Ein Beispiel findet sich in diesem Buch auf S. 210. Ein Tipp, der fast immer hilft: Wenn Sie etwas über eine geometrische Figur beweisen wollen, zerlegen Sie sie irgendwie in rechtwinklige Dreiecke und wenden Sie den Satz des Pythagoras an.

Für den Satz selbst gibt es Hunderte von Beweisen, in einem einzigen Buch werden alleine 370 von ihnen aufgeführt. Mir gefällt am besten ein Beweis, der eine Mischung aus Geometrie und Algebra darstellt. Man fertigt dazu (in Wirklichkeit oder im Geiste) vier Kopien des rechtwinkligen Dreiecks an und legt sie zu folgender Figur:

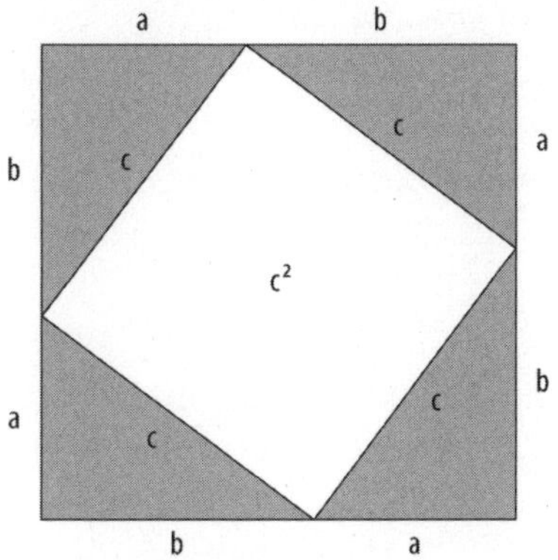

Dabei entsteht ein Quadrat der Kantenlänge $a + b$, in dessen Inneren sich ein (leeres) Quadrat der Kantenlänge c befindet. Wenn man dann noch einsieht, dass jeweils zwei der Dreiecke zusammen ein Rechteck der Fläche $a \cdot b$ ergeben, dann gilt: Das große Quadrat ist die Summe aus dem kleineren Quadrat und den vier Dreiecken, also

$$(a+b)^2 = c^2 + 2ab$$

Den Ausdruck links vom Gleichheitszeichen rechnet man schnell mit der bekannten binomischen Formel aus (siehe Anhang S. 217).

$$a^2 + 2ab + b^2 = c^2 + 2ab$$

Jetzt muss man nur noch auf beiden Seiten $2ab$ abziehen, und der Satz des Pythagoras steht da!

EIN BLICK ZUM HORIZONT Zum Abschluss noch eine Anwendung dieses Satzes. Man kann mit seiner Hilfe nämlich berechnen, wie weit der Horizont entfernt ist, wenn man zum Beispiel auf einem Berg von 1000 Metern Höhe aufs Meer hinausblickt.

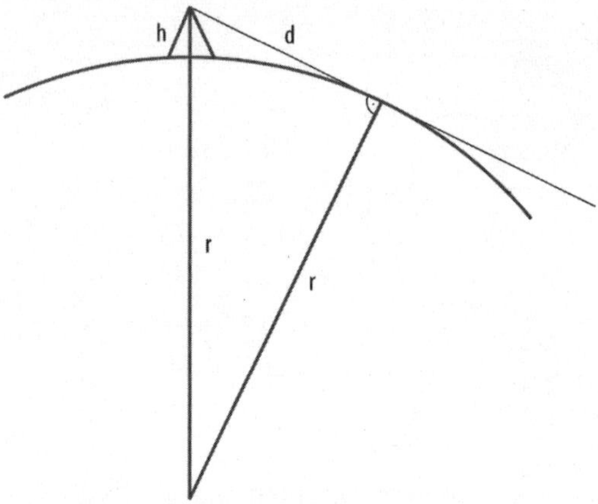

Auf einer ebenen Erde könnten wir im Prinzip unendlich weit blicken, auf einer Kugel dagegen ist der Weitblick durch die Krümmung der Erdoberfläche beschränkt. Unser Blick «streift» am weitest entfernten Punkt die Erde – die Gerade zwischen Auge und Horizont ist eine Tangente an den Erdkreis und bildet deshalb einen rechten Winkel mit dem Erdradius an dieser Stelle. Und schon haben wir ein rechtwinkliges Dreieck, in dem der Erdradius r, die Blickhöhe h und die Blickweite d vorkommen. Und man kann den Satz des Pythagoras anwenden, gleich aufgelöst nach der Unbekannten d^2:

$$d^2 = (r+h)^2 - r^2$$
$$d^2 = r^2 + 2rh + h^2 - r^2$$
$$d^2 = 2rh + h^2$$

Der Erdradius r beträgt etwa 6 400 km, die Blickhöhe h in unserem Beispiel 1 km. In der Gleichung ist also h^2 gegenüber $2rh$ verschwindend klein, und man kann es für kleine Höhen einfach weglassen (wieder so eine typische, aber erstaunlich häufige «Schlamperei» in der ansonsten so exakten Mathematik):

$$d^2 = 2rh$$
$$d = \sqrt{2r} \cdot \sqrt{h} \approx 113 \cdot \sqrt{h}$$

Wenn man von dem 1000 Meter hohen Berg herunterschaut, dann ist der Horizont also etwa 113 Kilometer entfernt. In Hawaii gibt es einen 4000 Meter hohen Berg in unmittelbarer Meeresnähe, den Mauna Kea, und nach der Gleichung kann man dort doppelt so weit sehen, also 226 Kilometer.
Man kann in die Gleichung aber auch kleinere Werte einsetzen – etwa die Augenhöhe eines Menschen, der am Strand steht. Setzt man dafür 1,60 Meter an, also 0,0016 Kilometer, so ergibt sich: Der Horizont ist nur 4,5 Kilometer entfernt.

«AUSGERECHNET» Ein Beweis dafür, dass 90 Grad gleich 89 Grad sind:

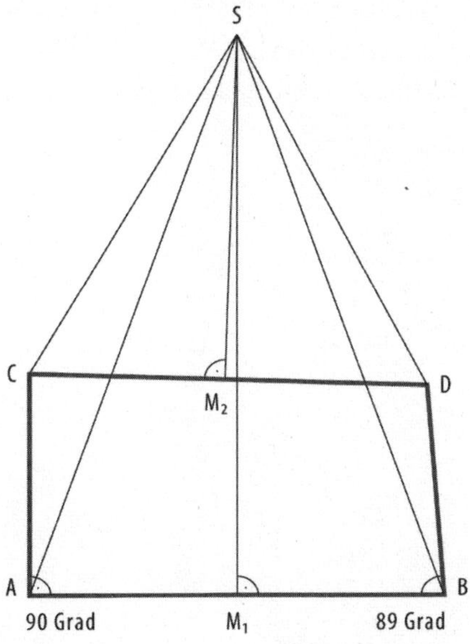

Auf einer Strecke AB wird links eine Strecke AC im rechten Winkel errichtet, rechts eine gleich lange Strecke BD im Winkel von 89 Grad. Es entsteht das etwas schiefe Viereck ABCD.

Nun werden auf AB und CD jeweils die Mittelsenkrechten errichtet – also Strecken im rechten Winkel, die jeweils durch den Mittelpunkt gehen. Weil AB und CD nicht parallel sind, sind auch diese Mittelsenkrechten nicht parallel, sie schneiden sich irgendwo in einem Punkt S.

Der Punkt S wird mit A, B, C und D verbunden, wie in der (nicht maßstabsgerechten) Zeichnung zu sehen ist.

Nun wird mit Kongruenzen argumentiert:

1. AS = BS, weil S auf der Mittelsenkrechten von AB liegt.
2. CS = DS, weil S auf der Mittelsenkrechten von CD liegt.
3. Also ist das Dreieck ASC kongruent zu BSD, weil die beiden in allen drei Seiten übereinstimmen (AC war nach Konstruktion gleich BD).
4. Also ist der Winkel CAS gleich dem Winkel DBS. Außerdem ist der Winkel SAM_1 gleich dem Winkel SBM_1, weil S auf der Mittelsenkrechten von AB liegt. Zusammengenommen gilt:

$$90^\circ = CAS + SAM_1 = DBS + SBM_1 = 89^\circ$$

Wo liegt der Fehler?

Auflösung unter *www.rowohlt.de/mathematikverfuehrer*

KLINGENDE MATHEMATIK

ODER
DER JOHANN-SEBASTIAN-CODE

«Das Wohltemperirte Clavier. oder Præludia, und Fugen durch alle Tone und Semitonia, So wohl tertiam majorem oder Ut Re Mi anlangend, als auch tertiam minorem oder Re Mi Fa betreffend. Zum Nutzen und Gebrauch der Lehr-begierigen Musicalischen Jugend, als auch derer in diesem studio schon habil seyenden besonderem ZeitVertreib auffgesetzet und verfertiget von Johann Sebastian Bach» – so steht es auf dem handgeschriebenen Deckblatt des «Wohltemperierten Klaviers» des großen Barockkomponisten.

Man hat vor 300 Jahren nicht nur anders geredet und geschrieben, sondern auch anders musiziert. Eine neue Stimmung für Tasteninstrumente, eben jene «wohltemperierte», machte es möglich, in allen 24 Tonarten (12-mal Dur, 12-mal Moll) auf dem Cembalo oder der Orgel zu spielen, ohne dass es grausam für die Ohren klang. Bach war so begeistert, dass er sogleich das bekannte Klavierwerk aus 24 Präludien und 24 Fugen schrieb, durch alle Tonarten hindurch (am bekanntesten ist das C-Dur-Präludium, als «Ave Maria» auf fast allen Classic-Hits-CDs enthalten).

Aber was war diese «wohltemperierte Stimmung», die Bach so begeisterte? So ganz genau wussten es die Musikhistoriker bisher nicht, es gibt ja leider aus der Barockzeit keine Schallplattenaufnahmen. – Aber jetzt kommt ein Amerikaner namens Bradley Lehman und behauptet, der Komponist habe auf dem Titelblatt des Klavierwerks einen Code versteckt, den

Schlüssel für die Beantwortung dieser Frage. Eine geheime Botschaft des Barock-Genies?

Dass die Frage, wie man ein Klavier stimmen soll, überhaupt ein Problem ist, dürfte viele überraschen. Schließlich kann man in jedem Kaufhaus ein Keyboard kaufen, das perfekt gestimmt ist und auch mit jedem anderen harmoniert. Mit dem kann man sich ohne weiteres durch die 24 Tonarten des «Wohltemperierten Klaviers» arbeiten, gehindert allenfalls durch die Schwierigkeit der Stücke. Wo ist das Problem?

Die 12 Töne, mit denen wir heute musizieren, sind keinesfalls vom Himmel gefallen, sie sind keine «natürlichen» Harmonien. Andere Völker haben andere Tonleitern, die für uns sehr exotisch klingen. Und ein Zeitgenosse Bachs mit gutem Gehör hätte den Klang eines modernen Keyboards eher schief gefunden.

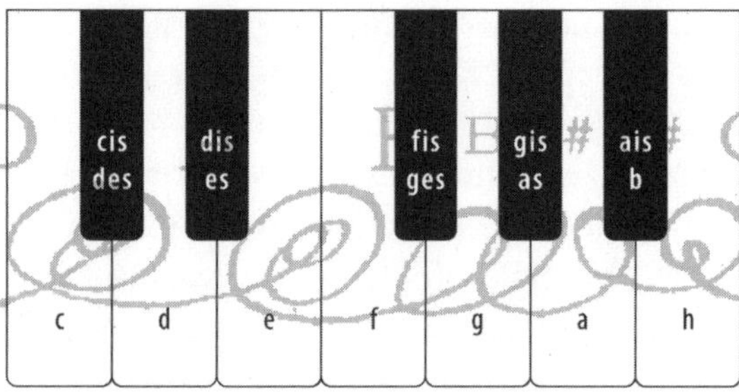

Die ganze Pracht der westlichen Musik beruht nämlich auf Kompromissen – zwischen einem möglichst «reinen» Klang und der Möglichkeit, beliebig die Tonart zu wechseln. Denn eine widerspruchsfreie Festlegung der einzelnen Tonhöhen gibt es nicht.

Die einzigen wirklich natürlichen Harmonien, die es gibt, sind die sogenannten Obertöne. Wenn zum Beispiel eine Gitarrenseite schwingt, dann hören wir nicht nur die Grundfrequenz, sondern auch die doppelte, dreifache, vierfache Frequenz. Der Anteil dieser Obertöne macht den Klangcharakter eines Instruments aus. Je mehr Obertöne, desto komplexer der Klang. Den klarsten, der reinen Grundschwingung am nächsten kommenden Klang hat vielleicht die Querflöte. Reine Schwingungen ohne Obertöne dagegen klingen klinisch und farblos – wie die ersten Synthesizer aus den 1960er Jahren.

Die ersten Obertöne haben Frequenzen, die wiederum Tönen aus unserer Tonleiter entsprechen. Der erste Oberton, der mit der doppelten Frequenz, ist die Oktave. Wenn der Grundton ein C ist, dann ist die Oktave wieder ein C – wir finden, dass es irgendwie «der gleiche Ton ist», nur höher. So singen zum Beispiel Frauen und Kinder eine Melodie meist eine Oktave höher als ein Mann, und es ist trotzdem dieselbe Melodie.

Der nächste Oberton, der mit der dreifachen Frequenz, ist die Quinte, beim Grundton C das G. Im Bezug auf das direkt darunterliegende C hat es die $3/2$-fache Frequenz. Dann folgt die vierfache Grundfrequenz, die doppelte Oktave. Von dieser Oktave zur Quint (C – G) beträgt das Verhältnis 4 : 3 – eine Quart. Die fünffache Frequenz hat die große Terz, E, zum darunterliegenden C ist ihr Verhältnis 5 : 4, darüber liegt wieder die Quint G, weil 6 das Doppelte von 3 ist. Das Verhältnis zum vorhergehenden E ist 6 : 5, eine kleine Terz.

Aber dann kommt ein seltsamer Oberton: Der Ton mit der siebenfachen Grundfrequenz entspricht keinem Ton unserer Tonleiter! Er liegt knapp unter dem B, ist also etwas niedriger als unsere kleine Septime. Das erste Zeichen dafür, dass wir nicht für alle natürlichen Schwingungsverhältnisse einen Ton haben! Es folgen wieder eine Oktave C sowie der 9. Oberton D, der zu dem C im Verhältnis $9/8$ steht – eine große Sekunde.

Jetzt sind schon fast alle Töne unserer bekannten Tonleiter vorgekommen, auch die kleine Sekunde (Cis/Des) lässt sich auf diese Weise festlegen, und andere Intervalle wie die kleine Sexte legt man so fest, dass sie sich mit ihrem Gegenstück (in diesem Fall der großen Terz) zu 2, also zu einer Oktave, multiplizieren. Denn wenn man Intervalle aufeinanderstapelt, muss man die Frequenzen malnehmen, nicht addieren!

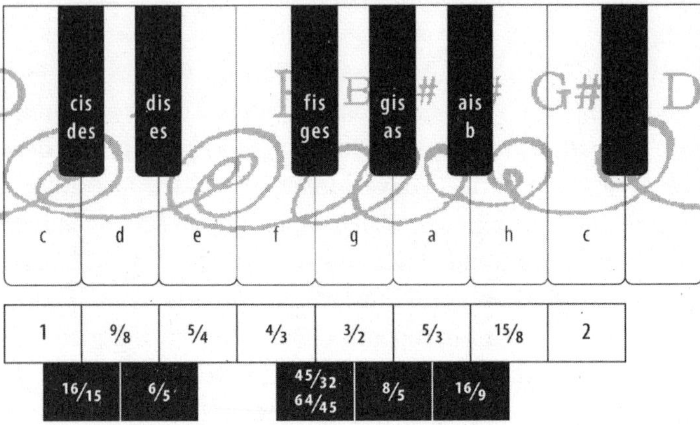

Alle Töne als Verhältnisse ganzer Zahlen – das war der Traum der Pythagoreer im alten Griechenland (siehe S. 96). Sie glaubten, dass sich alle Zahlen als solche Brüche ausdrücken lassen. Und sie mussten irgendwann einsehen, dass das nicht immer geht, das prominenteste Gegenbeispiel ist die Wurzel aus 2, eine irrationale Zahl, die man zwar beliebig durch Brüche annähern, aber nie genau treffen kann.

Nun gibt es in der Mitte der Tastatur einen Ton, das Fis/Ges, bei dem zwei Zahlen notiert sind. Das Fis ist eine übermäßige Quarte, die müsste dem Abstand von F zu H entsprechen, und der ist $\frac{15}{8}$ zu $\frac{4}{3}$, also $\frac{45}{32}$, das ist etwa 1,406. Ges ist eine verminderte Quinte, entsprechend dem Abstand vom H zum F der nächsten Oktave. Das Verhältnis: $\frac{8}{3} : \frac{15}{8}$, also $\frac{64}{45}$ (etwa 1,422). Die Klaviertastatur suggeriert aber, dass es sich um denselben Ton handelt! Welcher Wert könnte da als «Mittelwert» stehen? Vom C bis zum Fis/Ges sind es 6 Halbtonschritte, von dort zum C wieder sechs Schritte, also dasselbe Intervall.

Es soll, wenn man das Intervall zweimal aufeinandertürmt, als Ergebnis 2 herauskommen. Es gilt also

$$x^2 = 2$$

Also ist x die von den Pythagoreern so gefürchtete Wurzel aus 2, ein irrationaler Wert!
Irrationale Verhältnisse sind auch musikalischen Ohren ein Graus. Nicht aus prinzipiellen mathematischen Überlegungen, sondern aus physikalischen: Musikalische Töne sind regelmäßige Schwingungen. Wenn zwei Töne ein rationales Verhältnis haben, dann fallen die Berge und Täler dieser Schwingungen nach einigen Zyklen wieder zusammen – zwei Zyklen der Quint entsprechen zum Beispiel drei Zyklen des Grundtons. Bei einem irrationalen Schwingungsverhältnis dagegen kommen zwei Wellen, die am selben Punkt starten, nie wieder zusammen. Sie sind immer ein bisschen verschoben zueinander, und das hört sich für das geübte Ohr unrein an.
Der erste Widerspruch unseres angeblich so vernünftigen tonalen Systems tut sich auf: Beim Fis/Ges muss der Klavierstimmer Kompromisse machen. Das ist aber nicht die einzige Stelle, an der es im System knirscht. Schaut man sich die Verhältnisse aufeinanderfolgender Halbtöne an, so schwankt dieser Wert ganz gewaltig: Cis und C verhalten sich zueinander wie $^{16}/_{15}$, das ist ein Faktor von 1,067. E verhält sich zu Es wie $^{5}/_{4} : {}^{6}/_{5}$, dieser Faktor ist $^{25}/_{24}$ oder 1,042. Ein Unterschied – aber ist der hörbar? Macht das etwas aus?
Diese Angaben von Tonverhältnissen sind nicht sehr intuitiv. Um sie auf einer Frequenzskala anschaulich darzustellen, muss man von der linearen Darstellung zu der sogenannten logarithmischen übergehen. Das Ziel dabei ist, dass eine Oktave von C bis C immer einen gleich großen Abschnitt darstellt, obwohl der Frequenzbereich in absoluten Werten immer breiter wird. Die Zahlen 1 – 2 – 4 – 8 – 16 sollen also

im jeweils gleichen Abstand voneinander stehen. Das erreicht man, indem man den «Logarithmus der Frequenz zur Basis 2» betrachtet. Logarithmen sind wieder so ein Horrorwort aus der Schulzeit, deshalb ein kleiner Exkurs.

MISSTÖNE UND QUINTENZIRKEL Der «Logarithmus zur Basis 2» einer Zahl x, kurz ld(x) geschrieben, ist die Hochzahl, mit der man 2 potenzieren muss, um x zu bekommen. Es ist

$$2^{\mathrm{ld}(x)} = x$$

(Man kann den Logarithmus auf jeder Basis berechnen, zum Beispiel ist der 10er-Logarithmus sehr gebräuchlich, aber in diesem Kapitel gehen wir immer von der 2 als Basis aus.)
Der Logarithmus von 2 ist 1, der von 4 ist 2, und ld(8) ist 3. Wie sieht es mit den Zahlen dazwischen aus? Was ist zum Beispiel ld(5)? Es gibt zwar keine natürliche Zahl, die sagt, wie oft man 2 mit sich malnehmen muss, um 5 zu erhalten, aber man kann den Exponenten auch für andere als ganze Zahlen definieren (siehe Anhang auf S. 223). So ergibt sich etwa für Wurzel aus 2 der Logarithmus ½.
Trägt man nun die Halbtöne einer kompletten Oktave auf einer Skala auf, bei der der Logarithmus der Frequenz, bezogen auf die Frequenz des Grundtons, die Einheit ist, dann ergibt sich das folgende Bild:

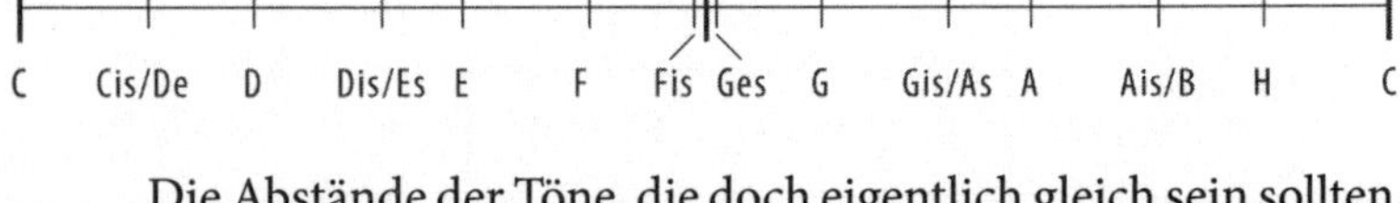

Die Abstände der Töne, die doch eigentlich gleich sein sollten, variieren ganz erheblich. Aber es kommt noch schlimmer: Schon die beiden «reinsten» Intervalle, die Quint und die Oktave, sind nicht miteinander kompatibel. Die Quint hat die

1,5-fache Schwingung des Grundtons, die Oktave die doppelte. Wenn man 12 Quinten aufeinandersetzt, dann trifft man jeden Ton der Tonleiter einmal und landet wieder beim C: C – G – D – A – E – H – Fis/Ges – Des – As – Es – B – F – C. Also müsste das Produkt von 12 Quinten wieder ein entsprechendes Vielfaches des Ausgangstons sein. Ist es aber nicht:

$$\left(\frac{3}{2}\right)^{12} = \frac{3^{12}}{2^{12}} = \frac{531\,441}{4\,096} \approx 129{,}746$$

Wäre der Wert 128 (oder $524\,288/4\,096$), dann wären es genau sieben Oktaven. So aber ist der Ton ein bisschen höher. Der Unterschied beträgt $531\,441/524\,288$, das ist etwa 1,014 und entspricht dem Viertel eines Halbtons.

Dass dieser «Quintenzirkel» sich nicht richtig schließt, ist schon seit Jahrhunderten bekannt. Die Differenz der beiden Enden wird das «pythagoreische Komma» genannt – vielleicht weil es dem Traum des Pythagoras von der perfekten Harmonie in Musik und Mathematik den Todesstoß verpasst hat.

Wie finden die Musiker aus diesem Dilemma wieder heraus? Die radikalste Lösung ist die, die man heute in jedem Keyboard findet: Man teilt die Oktave auf der logarithmischen Skala in 12 wirklich gleiche Stücke auf. Jeder Halbtonschritt ist dann auf dieser Skala $1/12$ groß, und um auf das Verhältnis der Frequenzen zu kommen, muss man «entlogarithmieren»:

$$ld(x) = \frac{1}{12}$$

$$x = 2^{\frac{1}{12}} = \sqrt[12]{2} \approx 1{,}059$$

Diese Art, Tasteninstrumente zu stimmen, nennt man die «gleichstufige Stimmung», aus offensichtlichen Gründen. Ihr Vorteil: Sie behandelt alle Töne gleich, man kann in allen Tonarten musizieren. Der Nachteil: Es gibt überhaupt kein «richtig» gestimmtes Intervall mehr, bei dem wirklich das ganzzahlige Verhältnis der Schwingungen seine volle Schönheit entfaltet. Das merkt das geschulte Ohr vor allem bei den Quinten und großen Terzen. Der Laie hat sich längst daran gewöhnt, er kennt kaum noch den Klang einer reinen Quinte, jedenfalls dann, wenn er hauptsächlich elektronisch produzierte Popmusik hört.

DAS «WOHLTEMPERIERTE» KLAVIER Die Klavierstimmer früherer Jahrhunderte wollten so weit nicht gehen. Vor dem Barock war das auch nicht nötig: Die meisten Stücke und Lieder bewegten sich innerhalb einer Tonart, und die Tonarten rund um C-Dur waren die gebräuchlichsten. Deshalb versuchte man mit der «mitteltönigen Stimmung», diese gebräuchlichen Tonarten möglichst sauber klingen zu lassen. Praktisch ging man so vor, dass man elf der zwölf Quinten ein bisschen niedriger stimmte, aber nicht einen Achtelton wie bei der gleichstufigen Stimmung, sondern nur etwa einen Zehntelton. Das führt dazu, dass der Ton, den man aus vier dieser Quinten enthält, eine ziemlich saubere große Terz ist. Dafür war die verbleibende zwölfte Quinte (zwischen den Tönen Gis und Dis) erheblich zu groß – sie klang scheußlich und wurde die «Wolfsquinte» genannt. Praktisch war sie nicht verwendbar, und Tonarten, in denen die beiden Töne vorkommen, musste der Komponist meiden.

Das war für die frühen Komponisten keine wirklich tragische Einschränkung – sie wählten eben die «schön» klingenden Tonarten. Die Musik Johann Sebastian Bachs aber war komplexer als alles, was es vorher gegeben hatte. Insbesondere liebte Bach es, in seinen Fugen ständig die Tonart zu wechseln. Und da geriet er auch bei einer harmlosen Anfangstonart schnell auf gefährliches Terrain.

Deshalb kann man die Begeisterung Bachs verstehen, als der

Musiktheoretiker Andreas Werckmeister eine neue Stimmung entwickelte, die versprach, dass alle Tonarten auf dem Klavier benutzbar sein sollten. So begeistert war der Meister, dass er ein Klavierwerk für die «wohltemperierte» Stimmung schrieb.

Aber um welche Stimmung handelte es sich? Nicht um die heute übliche gleichstufige Stimmung, da sind sich die Musikhistoriker einig. Aber es gibt einige Varianten der wohltemperierten Stimmung, und eigentlich dachte man, dass wir wohl nie genau wissen werden, wie das wohltemperierte Klavier von Johann Sebastian Bach im Original geklungen hat.

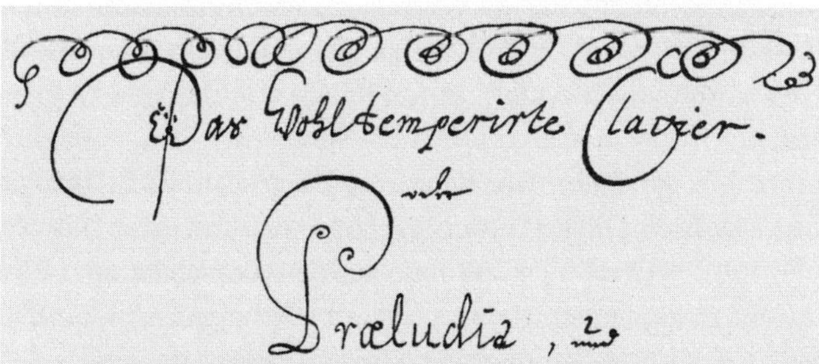

Da trat im Jahr 2005 der amerikanische Pianist Bradley Lehman auf den Plan. Der hatte sich die Titelseite von Bachs «Wohltemperiertem Klavier» sehr genau angesehen. Allerdings hatte er weniger auf den Text geachtet, sondern auf das scheinbar nachlässig gekritzelte Ornament über dem Titel.

Dieses Ornament besteht aus elf Kringeln. Elf Quinten muss man angeben, um die Stimmung eines Tasteninstruments genau festzulegen – Anlass für Lehman, genauer hinzusehen. Er erkannte zuerst drei Kringel mit einer einfachen Schleife im Inneren, dann drei simple Schleifen, und schließlich noch einmal fünf Kringel mit einer doppelten Schleife im Inneren.

Damals wurden Stimmungen festgelegt, indem man angab, um was für einen Bruchteil des pythagoreischen Kommas man die jeweiligen Quinten verkleinert. Bei der gleichstufigen Stimmung verliert jede Quinte ein zwölftel Komma.

Um aus Bachs Gekrakel ein Rezept zu destillieren, drehte Lehman das Bild zunächst einmal um. Die Kringel interpretierte er so: Eine einfache Schleife ist eine reine Quinte, ein Kringel mit Schleife entspricht einem sechstel Komma, und der Kringel mit Doppelschleife ist ein zwölftel Komma. Es folgen also zunächst fünf um ein sechstel Komma verkürzte Quinten aufeinander, dann drei reine, und dann drei um ein zwölftel Komma verringerte. Wenn man das durchrechnet, hat man ein Zwölftel zu viel – die letzte Quinte, die sich automatisch ergibt, muss folglich ein bisschen zu groß sein.

Aber mit welchem Ton fängt das Diagramm an? Auch da hat uns Bach einen Hinweis gegeben, sagt Lehman: Das «C» des Worts «Clavier» stößt doch auf dem kopfstehenden Bild direkt an den ersten Kringel an und wird sogar noch einmal wiederholt – ein eindeutiger Hinweis, meint der Entdecker, und ordnet die Töne des Quintenzirkels entsprechend den Kringeln im Diagramm zu.

Lehman hat es nicht dabei belassen, seine Analyse schriftlich auszuformulieren – er hat auch Aufnahmen von Bach-Werken mit dieser Stimmung gemacht. Und die Kritiker sind sich einig, dass die Aufnahmen gut klingen und seine Stimmung eine durchaus plausible ist – so wie andere wohltemperierte Stimmungen auch. Ansonsten habe er in seiner Interpretation doch einige Annahmen gemacht, denen man nicht unbedingt folgen müsse. Aber es ist doch ein schöner Gedanke, dass

Bach, einer der mathematischsten unter den Komponisten, uns vielleicht in einem mathematischen Code eine Anweisung zur Stimmung des Klaviers hinterlassen hat.

«AUSGERECHNET» Carsten hat einige Metallrohre mit identischem Durchmesser und will sich daraus ein Windspiel basteln. Dabei sollen die Rohre möglichst harmonische Töne von sich geben. Im Internet hat er gelesen: «Die Frequenz der Rohre ist umgekehrt proportional zum Quadrat ihrer Länge.» Um wie viel muss er ein Rohr kürzen, damit es eine Oktave höher klingt? (Eine Oktave höher bedeutet: doppelte Frequenz.)
Auflösung unter *www.rowohlt.de/mathematikverfuehrer*

ALLES FLIESST?

ODER
BANKRÄUBER IM STAU

«Manni, mach langsam, du hast wertvolle Fracht an Bord!» Nervös rutscht Harry auf dem Beifahrersitz herum, und das liegt nicht nur am Fahrstil seines Kumpels. Auf dem Rücksitz liegen zwei Aldi-Tüten. Inhalt: zirka 55 000 Euro in kleinen Scheinen. Der Überfall auf die Sparkassenfiliale in den Harburger Bergen hat wie am Schnürchen geklappt. Rein, unmissverständliches Auftreten, kooperationswillige Angestellte, ein kollabierender Kunde, raus und Vollgas. In drei Minuten war alles vorbei, die George-W.-Bush-Masken neben den Tüten auf dem Rücksitz haben ausgedient.
Jetzt braust Manni Richtung Landkreis Lüchow-Dannenberg. Im abseits gelegenen ehemaligen Zonenrandgebiet wartet auf die Freunde ein Wochenendhaus, dort wollen sie Gras über die Sache wachsen lassen und ein bisschen von der liquiden Zukunft träumen.
Die Tachonadel ist auf 180 eingefroren, der BMW-Kombi besitzt ein gutes «Überhol-Prestige», von dem Manni als eingefleischter BMW-Fan so oft schwärmt. Wenn sich der Fünfer in den Rückspiegel schiebt und ihn rasch ausfüllt, rutschen kleinere Wagen respektvoll nach rechts hinüber.
«Krieg dich ein», murmelt Manfred Engel. «Ich hole nur die Zeit auf, die wir verloren haben, bis wir auf der Autobahn waren.»
«Wenn du jetzt einen Auffahrunfall baust, brauchen uns die Bullen nur noch umzuladen.»

«Mit einem BMW musst du schnell fahren, Harry, sonst fällst du auf. Hey, mach mal lauter, ich glaube, wir sind im Radio.»
Harry dreht das Radio auf. «… bittet die Polizei um Ihre Mithilfe. Die Täter flüchten in einem anthrazitfarbenen BMW 5er-Kombi mit Bad Segeberger Kennzeichen. Sachdienliche Hinweise nimmt jede Polizeidienststelle …»
Manni dreht wieder leiser. «Das Kennzeichen haben sie also erkannt. Damit mussten wir rechnen. Abdecken wäre noch auffälliger gewesen.»
«Weil der Herr es originell liebt und unbedingt den Wagen mit der Nummer SE-X 333 knacken musste», mault Harry.
Eine Autobahnbaustelle in 1000 Metern. Widerwillig geht Manni vom Gas, 100, 80, schließlich lumpige 60.
Die Wagen auf der rechten Spur fangen an, sich nach links einzuordnen. Einen halben Kilometer vor der Verengung auf eine Spur baut sich links eine Schlange auf, die rechte Spur ist frei.
«Reißverschlussprinzip, ihr Ärsche!», brüllt Manni und zieht rechts an der Kolonne vorbei, bis er das Ende der Spur erreicht. Er blinkt kurz und schert ansatzlos nach links ein. Der Fahrer hinter ihnen zeigt ihm den Stinkefinger.
«Das war nicht gut, Manni», jammert Harry, «das war gar nicht gut.»
«Das war Straßenverkehrsordnung und gesunder Menschenverstand dazu», antwortet Manni. «Ist doch logisch, dass man die Straße so lange nutzt, wie es geht. Steht sogar im Gesetz, auch wenn die meisten das nicht wissen.»
«Du bist doch sonst nicht so gesetzestreu», stichelt Harry. Sie passieren die Baustelle: acht Baufahrzeuge und zwei Arbeiter, die von je einer Schaufel am Umfallen gehindert werden. Hinter der Baustelle beginnt der Verkehr wieder zu fließen, aber die Tachonadel kommt nicht über 100 hinaus. Manni fährt immer wieder dicht auf den Vordermann auf, bremst ab,

lässt sich zurückfallen, gibt wieder Gas und reagiert zunehmend gereizter: «Mensch, geh rüber!»

«Der kann doch auch nicht schneller», mahnt Harry.

«Dann soll er Platz machen. Mich regt das Gezuckele auf», entgegnet Manni. «Wenn jeder 20 Kilometer schneller wäre, kämen wir alle schneller ans Ziel. Wir haben zwei Spuren zur Verfügung und nutzen sie nicht aus. Nur weil alle vermeiden wollen, dass ein anderer sie überholt.»

Manni entdeckt rechts eine Lücke und zieht hinüber – ohne zu blinken. «Kannst du mir mal sagen, warum im Kolonnenverkehr die rechte Spur immer schneller ist, trotz der Lastwagen?»

«Vielleicht gerade wegen der Lastwagen. Die fahren jedenfalls nicht so hektisch wie du.»

«Beim nächsten Kassengang machst du den Fahrer», ätzt Manni, wohl wissend, dass Harry seine beschränkten Fähigkeiten realistisch einschätzt. Harry sucht in den Gesichtern links und hinten nach alarmierenden Zeichen. Aber niemand gerät angesichts des grauen BMW in Aufregung. Missmut, wohin man schaut, alle wollen schneller, als sie können.

Dann nimmt die Geschwindigkeit stark ab, es sieht nach Stau aus. Manni muss scharf bremsen, weil er seinem Vordermann zu dicht auf der Pelle sitzt. «Erklär mir, wie das sein kann. Seit fünf Kilometern war keine Auffahrt, es sind also immer noch genauso viele Autos auf der Straße. Trotzdem stehen wir gleich.»

«Das nennt sich ‹Stau aus dem Nichts›», gibt Harry zum Besten. «Sowas entsteht, wenn die Leute im Kolonnenverkehr wie die Henker fahren, ständig beschleunigen, bremsen, die Spur wechseln.»

Am Dreieck Walsrode mündet zusätzlicher Verkehr aus Richtung Bremen in den zähflüssigen Strom ein. Das verkraftet die A 7 nicht. Stau.

«… die Täter sind mit einem anthrazitfarbenen BMW 5er-Kombi mit Bad Segeberger Kennzeichen unterwegs. Die Polizei hat Kontrollstationen an allen Hamburger Ausfallstraßen eingerichtet …»

Harry wirft einen melancholischen Blick auf den Rücksitz und murmelt: «Ich hatte mich schon so an euch gewöhnt. Aber gleich werden sie kommen und uns hopsnehmen.»

«Quatsch keinen Blödsinn», knurrt Manni, «die Polizei steht genauso im Stau wie wir.»

Im nächsten Moment rauscht auf dem Standstreifen ein Streifenwagen mit Blaulicht und Martinshorn vorbei. Über ihnen ertönt tieffrequentes Brummen.

«Hubschrauber!», stöhnt Harry. «Die lassen aber auch gar nichts aus.»

«Keep cool, Kumpel. Das ist ein Rettungshubschrauber, da vorne hat's gekracht. Außerdem kannst du aus dem Hubschrauber keine Autokennzeichen erkennen. Und guck dich doch mal um: Jeder zweite Wagen ist dunkelgrau. Onkel Manni weiß schon, warum er nur Modefarben klaut.»

Im nervtötenden Wechsel zwischen Stop und Go kriecht der Lindwurm bis zur nächsten Ausfahrt, Manni schert aus und verlässt die Autobahn. Über Celle soll es Richtung Osten gehen. Außer der berüchtigten B 4 erwartet er keine bösen Überraschungen mehr.

Aber kaum ist Manni abgebogen, staut sich der Verkehr vor einer engen Brücke, wegen Bauarbeiten ist sie nur einspurig befahrbar. Einen Kilometer vor sich sehen die Bankräuber die Brücke. Kein Gedanke an Stop und Go. Nichts geht mehr. Bis auf das Blaulicht des Polizeiwagens an der Brücke, das bewegt sich munter und weithin sichtbar. Offensichtlich regeln Polizisten den Verkehr an der Engstelle. Dass sie vom Bankraub gehört haben und die Beschreibung des Täterwagens kennen, ist klar.

«Dreh um», keucht Harry. «Dreh sofort um.»
«Du machst wohl Witze! Wie soll ich denn hier wenden?» Gegenüber bewegt sich auch nichts. «Wenn ich wende, gibt es das Hupkonzert des Jahres.»
«Dann gehe ich jetzt pinkeln.»
«Spinnst du? Lass uns lieber überlegen, wie wir …»
«Die Lösung heißt Pinkeln.»
Manni sieht aus, als würde er Harry gleich umbringen. Harry kommt ihm zuvor: «Wir müssen die Kohle loswerden. Und die Masken. Und die Knarren auch.»
Manni schwitzt und schweigt.
«Dann können sie uns höchstens wegen des Wagens hochnehmen», fährt Harry fort. «Vielleicht haben wir Glück, und er ist noch nicht als gestohlen gemeldet, dann kontrollieren sie uns nicht. Und wenn doch, dann zeigst du einfach deinen Führerschein vor. Und guck nicht so blockiert! Stau im Kopf ist gefährlicher als auf der Straße.»
«Was? Du willst die Kohle rauswerfen? Soll denn alles umsonst gewesen sein?», stößt Manni fassungslos hervor.
Harry greift nach hinten und drückt seinem Freund einen Stapel Scheine in die Hand. «Das passt in deine Brieftasche. Ich nehme auch eine Handvoll.»
Wenige hundert Meter vor dem Brücken-Engpass schlägt sich Harry mit zwei Aldi-Tüten in die Büsche. Zwei Minuten später kehrt er zurück, erleichtert und ohne Tüten.
Noch 26 Autos bis zu den Polizisten.
«Verstehe», sagt Manni, der nun viel entspannter wirkt. «In einigen Tagen machen wir eine Spritztour in die schöne Südheide. Ich hätte nie gedacht, dass ich mich eines Tages darauf freuen würde, gemeinsam mit dir pinkeln zu gehen.»

WANN DER VERKEHR AM BESTEN FLIESST Der Bankräuber Manni gibt in dieser Geschichte so ziemlich alle Argumente zum Besten, mit denen Raser ihr teilweise rücksichtsloses Verhalten rechtfertigen. (In einem Punkt hat er allerdings recht: dass man an Engpässen alle Spuren ausnutzen und sich erst ganz am Ende einfädeln soll, ist nicht nur gut für den Verkehrsfluss, sondern steht tatsächlich auch in der Straßenverkehrsordnung.)

Besonders um zwei Gemeinplätze soll es hier gehen. Erstens: Je schneller die Autos fahren, umso höher ist die Kapazität einer Straße. Und zweitens: Neue Straßen sorgen dafür, dass die Menschen weniger im Stau stehen und schneller ihr Ziel erreichen. Beides stimmt nicht – jedenfalls nicht in dieser Allgemeinheit!

Es gibt inzwischen einige Mathematiker, die sich auf «Stau-Mathematik» spezialisiert haben. Die betreibt man gewöhnlich per Simulation – das heißt, man lässt im Computer sozusagen Tausende von simulierten Autos nach gewissen Regeln fahren und schaut, was dabei herauskommt. Auf diese Weise ist es zum Beispiel gelungen, den in der Geschichte erwähnten «Stau aus dem Nichts» zu erklären. Der entsteht bei dichtem Kolonnenverkehr, wenn sich Fahrer wie Manni verhalten. Anstatt zu akzeptieren, dass man etwas langsamer vorwärtskommt, als man möchte, versuchen diese Fahrer, irgendwie doch noch einen Vorteil für sich zu erhaschen: Sie wechseln die Spur, fahren dicht auf, müssen dann aber auch manchmal abrupt abbremsen (oder bringen andere zum Bremsen). So ein Bremsmanöver pflanzt sich in der Kolonne nach hinten fort, weil ja der Hintermann immer mindestens so scharf bremsen muss wie der Vordermann. So verstärkt sich der Effekt – und irgendwann kommt der erste Wagen zum Stehen. Der Stau ist da, und der auslösende Fahrer merkt nicht einmal, was er angestellt hat.

Neben solchen Computersimulationen gibt es aber auch ein paar einfache Grundformeln für den Verkehrsfluss. Mit denen kann man recht einfach zeigen, dass die Straße eben nicht mehr Autos fasst, wenn alle schneller fahren.

Zunächst ein paar einfache Begriffe: Unter Verkehrsfluss versteht man die Zahl der Autos, die pro Zeiteinheit und Spur eine Messstelle an der Autobahn passieren. Bei Stau ist der Verkehrsfluss 0. Wie groß kann er maximal werden? Gibt es überhaupt eine obere Grenze?

Wenn die Autobahn schon so voll ist, dass die Wagen alle mit derselben Geschwindigkeit v in Kolonne fahren, dann lässt sich der Verkehrsfluss berechnen, wenn man zusätzlich noch weiß, wie groß der mittlere Abstand d zwischen den Autos ist und wie die durchschnittliche Länge l der Wagen ist. Dann vergeht nämlich zwischen den Vorbeifahrten von zwei Autos an derselben Stelle die Zeit

$$t = \frac{d + l}{v}$$

(Dabei werden d und l in Metern gemessen und t in Sekunden.) Den Verkehrsfluss F misst man in Autos pro Stunde, deshalb muss man eine Stunde (3 600 Sekunden) durch den zeitlichen Abstand zwischen zwei Autos teilen:

$$F = \frac{3600}{t} = 3600 \cdot \frac{v}{d + l}$$

Das Argument der Raser: An der Länge der Autos kann man ja nichts ändern. Damit der Bruch einen möglichst großen Wert annimmt, muss v möglichst groß sein und d möglichst klein. Also: rasen und drängeln!

Die Vorstellung dabei ist, dass die Autos auf der Straße so etwas sind wie ein langer Güterzug. Da gilt ja auch: Je schneller er fährt, umso mehr Waggons pro Stunde passieren die Strecke. Aber das funktioniert nicht auf der Autobahn, jedenfalls nicht mit menschlichen Fahrern. Der Haken: d ist nicht konstant.

Selbst der skrupelloseste Raser kann bei Tempo 180 dem Vordermann nicht ständig an der Stoßstange kleben. Er wird ganz von selbst den Abstand vergrößern. Und diese Tatsache, dass d variabel ist, verändert die Sachlage ganz gewaltig.
Aber fangen wir mit ganz vorsichtigen Annahmen an. Der Abstand zum Vordermann soll so gewählt werden, dass er dem sogenannten Anhalteweg entspricht. Das heißt: Jeder Fahrer könnte sein Fahrzeug noch zum Stehen bringen, wenn statt des Vordermanns plötzlich eine Mauer die Fahrbahn blockieren würde.
Der Anhalteweg, das lernt man in der Fahrschule, besteht aus zwei Teilen: dem Reaktionsweg – das ist der Weg, den das Auto noch ungebremst zurücklegt, während der Fahrer überhaupt erst einmal die Gefahr registriert. Für die Reaktionszeit setzt man meistens eine Sekunde an; in dieser Zeit legt das Fahrzeug noch *v* Meter zurück (die Geschwindigkeit messen wir in Metern pro Sekunde!).
Der zweite Teil des Anhalteweges ist der Bremsweg. Dieser hängt natürlich von vielen Umständen ab: Wie gut sind die Bremsen des Autos, wie stark tritt der Fahrer aufs Pedal. Aber die Unterschiede sollen uns hier egal sein. Wir rechnen der Einfachheit halber damit, dass ein Fahrer die kräftige Bremsverzögerung von 10 m/s^2 zur Verfügung hat.
Kleine Erläuterung am Rande: Beschleunigungen und Verzögerungen werden in «Meter pro Sekunde zum Quadrat» gemessen. Das ist wieder so ein Punkt, wo viele in der Schule aussteigen – was soll man sich unter einer Quadratsekunde vorstellen? Einfacher wird es, wenn man das Ganze als «Meter pro Sekunde pro Sekunde» liest. Dann bedeutet eine Verzögerung von 10 m/s^2: Pro Sekunde nimmt die Geschwindigkeit um 10 m/s ab. Ein Auto, das mit 30 m/s fährt, kommt also nach genau 3 Sekunden zum Stillstand.
Die Formel für den Bremsweg lautet:

$$s = \frac{v^2}{2 \cdot a}$$

Dabei ist v die Ausgangsgeschwindigkeit und a die Bremsverzögerung. Mit $a = 10$ ergibt sich also

$$s = \frac{v^2}{20}$$

Wenn der Sicherheitsabstand gleich der Summe aus Reaktionsweg und Bremsweg sein soll, dann sieht der Abstand d so aus:

$$d = v + \frac{v^2}{20}$$

Und der Verkehrsfluss F schließlich bekommt den Wert

$$F = 3600 \cdot \frac{v}{d+l} = 3600 \cdot \frac{v}{v + \frac{v^2}{20} + l} = 3600 \cdot \frac{20 \cdot v}{20 \cdot v + v^2 + 20 \cdot l}$$

Die Kurve dieser Funktion sieht so aus, wenn man für die durchschnittliche Fahrzeuglänge 5 Meter ansetzt:

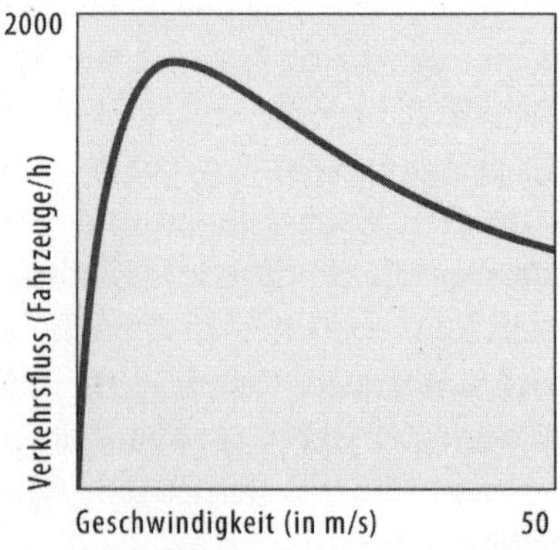

(Wohlgemerkt, die Geschwindigkeit ist in Meter pro Sekunde gemessen – 100 km/h entsprechen etwa 28 m/s.)
An der Form der Kurve sieht man: Der Verkehrsfluss steigt

nicht stetig an, sondern er erreicht ein Maximum. Dieses Maximum auszurechnen ist eine Extremwertaufgabe, auf deren Lösung wir hier verzichten, weil wir uns Ähnliches schon im Kapitel «Männerphantasien» (S. 122) zugemutet haben. Im Ergebnis kommt jedenfalls heraus, dass das Maximum exakt bei einer Geschwindigkeit von 10 m/s liegt, das entspricht 36 km/h!

Auf der rechten Autobahnspur drängeln sich aber oft Laster, und die sind länger als 5 Meter. Setzt man für die Durchschnittslänge der Fahrzeuge einen Wert von 15 Meter ein, dann sieht die Kurve anders aus:

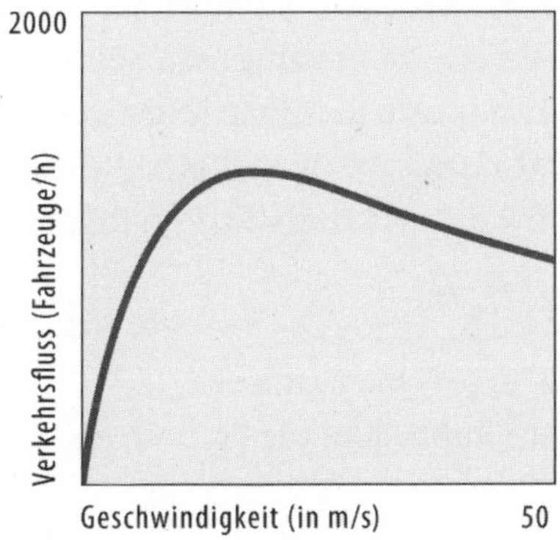

Das Maximum liegt bei einem höheren Wert, nämlich etwa 17 m/s, das entspricht 62 km/h. Auf der rechten Spur ist die optimale Geschwindigkeit also höher! Vielleicht ist das der Grund für Mannis Beobachtung, dass im Kolonnenverkehr rechts schneller gefahren wird.

Aber so ganz realistisch sind unsere Annahmen nicht. Setzt man in die Formel für den Abstand einen Wert von 100 km/h, also 28 m/s, ein, dann ergibt sich:

$$d = 28 + \frac{28^2}{20} = 28 + \frac{784}{20} = 67{,}2$$

67 Meter Abstand bei Tempo 100 – die hält auch der besonnenste Autofahrer nicht ein. Und wenn er es tut, dann schert sofort jemand ein und füllt die Lücke.

Das hat damit zu tun, dass sich unser Vordermann nicht plötzlich in ein stehendes Hindernis verwandelt. Wenn er eine Notbremsung macht, dann hat er auch noch seinen Bremsweg zurückzulegen. Wenn man davon ausgeht, dass alle Autos gleich gut bremsen, dann muss der Abstand nur noch aus dem Weg bestehen, den der hintere Fahrer in der «Schrecksekunde» zurücklegt. Zur Sicherheit geht man von zwei Sekunden aus. Diese «Zwei-Sekunden-Regel» ist auch praktisch leicht zu überprüfen – wenn der Vordermann einen markanten Punkt, etwa eine Brücke, passiert, dann zählt man «einundzwanzig, zweiundzwanzig». Erst dann darf man selbst an derselben Stelle sein. Mathematisch ausgedrückt, beträgt dieser Sicherheitsabstand $2v$, und für den Verkehrsfluss ergibt sich:

$$F = 3600 \cdot \frac{v}{d+l} = 3600 \cdot \frac{v}{2 \cdot v + l}$$

Die Formel ist einfacher! Ihr Graph sieht für $l = 5$ so aus:

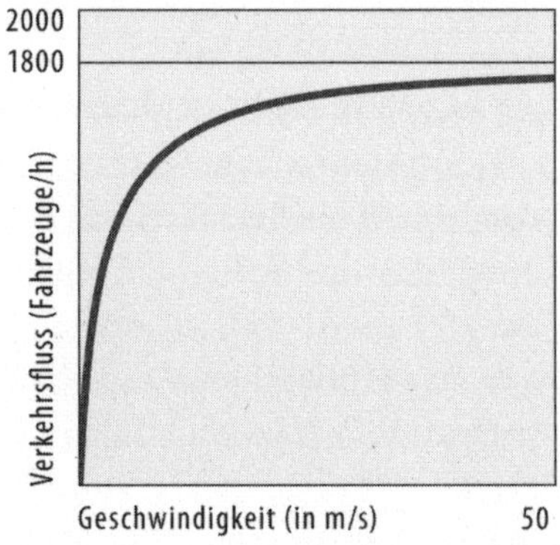

Diese Kurve hat kein Maximum, sie wächst beständig, aber sie flacht immer mehr ab, je höher die Geschwindigkeit wird.

Das kann man sich auch so klarmachen: *l* ist ein konstanter Wert, in diesem Fall 5. Je größer die Geschwindigkeit wird, desto weniger fällt *l* gegenüber *v* ins Gewicht. Für große Werte von *v* kann man *l* praktisch vernachlässigen, und es ergibt sich

$$F = 3600 \cdot \frac{v}{2 \cdot v} = 1800$$

Das heißt: Selbst wenn die Autos sich mit Lichtgeschwindigkeit bewegen würden, würde der Verkehrsfluss bei Einhaltung der Zwei-Sekunden-Regel nicht mehr als 1800 Fahrzeuge pro Stunde betragen!
(Das *l* in der Gleichung einfach wegzulassen ist übrigens eine typische Schlampigkeit, die sich Mathematiker oft leisten. Würde man exakt vorgehen, müsste man den Grenzwert des Ausdrucks betrachten für den Fall, dass *v* gegen unendlich strebt. Es käme aber dasselbe heraus.)
In der Praxis aber fließt der Verkehr bei hohen Geschwindigkeiten nicht mehr gleichmäßig. Die Menschen fahren nervöser, und es muss ja nur mal einer kräftig bremsen, und der gleichmäßige Strom bricht zusammen, der theoretisch mögliche Fluss wird nicht erreicht. Messungen haben gezeigt, dass die Kapazität von Autobahnen bei 80 bis 90 km/h am größten ist. Dann können sogar Spitzenwerte von 2600 Autos pro Stunde erreicht werden. Die Wagen fahren dann nach den gängigen Abstandsregeln zu dicht hintereinander, trotzdem kommt es nicht zu gefährlichen Situationen. In den USA funktioniert das übrigens viel besser als bei uns – die Amerikaner sind seit Jahrzehnten an strikte Tempolimits gewöhnt, und sie haben allgemein eine gelassenere Einstellung zum Autofahren. Da außerdem kein striktes Rechtsfahrgebot besteht und die rechte Spur auch bei höheren Geschwindigkeiten schneller fahren darf als die linke, kommt es auch zu weniger Spurwechseln, die Gift für den Verkehrsfluss sind.

(K)EINE ENTLASTUNG? Dass auch der Bau neuer Straßen nicht unbedingt zu einer Entlastung des Verkehrs führt und die Fahrzeiten für alle kürzer macht, hat 1968 der deutsche Mathematiker Dietrich Braess gezeigt. Dabei geht es nicht darum, dass neue Straßen auch dazu führen, dass die Leute mehr Autos kaufen. Nein, auch bei gleichbleibendem Verkehrsaufkommen kann eine «Entlastungsstraße» dazu führen, dass die Menschen noch mehr im Stau stecken.

Wie kann das angehen? Wir begeben uns hier auf das Gebiet der Spieltheorie – Menschen müssen Entscheidungen treffen und dabei ihre eigenen Interessen gegen die der anderen abwägen. Hier geht es darum, zwischen mehreren Fahrtrouten auszuwählen, die von einem Ort zum anderen führen.

Zwischen den beiden Kleinstädten Hummelsheim und Bienstadt, an gegenüberliegenden Ufern eines Flusses gelegen, herrscht reger Verkehr. Am Morgen pendeln viele Menschen von Hummelsheim nach Bienstadt, am Abend ist es umgekehrt. Morgens sind es 1000 Autos pro Stunde.

Dabei haben die Fahrer zwei Möglichkeiten: Entweder sie überqueren die Brücke a und nehmen dann die Schnellstraße b, oder sie bleiben zunächst auf der Schnellstraße c und überqueren den Fluss bei d.

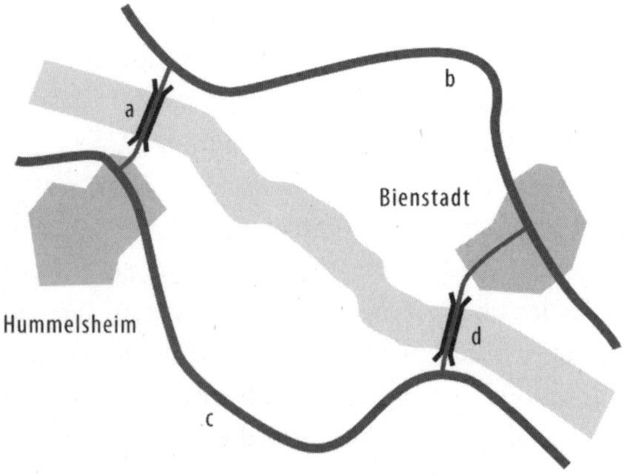

Dabei kommt es immer wieder zu Stauungen an den beiden schon etwas betagten Brücken: Während die Schnellstraßen den Verkehr gut aufnehmen können und die Fahrt jeweils 15 Minuten dauert, bricht der Verkehr an den Brücken regelmäßig zusammen. Aus der Erfahrung weiß man: Wenn x Autos pro Stunde die Brücke passieren wollen, dann braucht jeder für die Strecke eine Zeit von $x/100$ Minuten (das gilt für einen Verkehrsfluss von mehr als 100 Autos pro Stunde, darunter beträgt die Fahrzeit stets eine Minute).
Wenn also alle 1000 Fahrer den Weg über a und b wählen würden, dann bräuchten sie 10 Minuten für Abschnitt a und 15 Minuten für b, macht zusammen 25 Minuten.
Die Fahrer sind aber erstens ortskundig (sie können die Fahrzeit einschätzen, weil sie die Strecke oft fahren) und zweitens eigennützig – sie wollen so schnell wie möglich ans Ziel. Sobald abzusehen ist, dass die Alternativroute schneller ist, wird ein Fahrer also die andere Verbindung wählen.
Gibt es einen Gleichgewichtszustand, bei dem alle Fahrer eine möglichst kurze Zeit für ihre Fahrt zur Arbeit brauchen? Man kann das Problem mit zwei Gleichungen beschreiben:
Die Zahl der Autos pro Stunde beträgt 1000. Wenn x Fahrer über a und b fahren und y Fahrer über c und d, dann gilt:

$$x + y = 1000 \quad (1)$$

Die Fahrtdauer über beide Strecken ist gleich – sonst würden ja sofort einige Fahrer die andere Route nehmen. Also ist

$$\frac{x}{100} + 15 = \frac{y}{100} + 15 \quad (2)$$

Zusammen stellen die Gleichungen 1 und 2 ein «Lineares Gleichungssystem mit zwei Unbekannten» dar. Dem muss man aber in diesem Fall nicht mit komplizierten Methoden zu Leibe rücken – aus Gleichung 2 folgt sofort, dass x gleich *y* ist, und deshalb müssen wegen Gleichung 1 beide den Wert 500 haben. Nicht sehr überraschend: Jeweils die Hälfte der Autofahrer nimmt eine der beiden Routen. Und die Fahrzeit berechnet sich so:

$$\frac{500}{100} + 15 = 20$$

Das bleibt über viele Jahre so, es gibt die gewohnheitsmäßigen a-b-Fahrer und die c-d-Fahrer, aber auch einige Wechsler, sodass sich das Gleichgewicht immer wieder einpendelt.
Nun kommt der Fortschritt ins Tal: Die beiden Städtchen werden ans nationale Autobahnnetz angeschlossen. Um Geld zu sparen, gibt es aber keine zwei Auf- und Ausfahrten, sondern nur die gemeinsame Anschlussstelle Hummelsheim-Bienstadt. Auf der Nordseite des Flusses kann man nur auf die Autobahn auffahren, auf der Südseite nur abfahren.

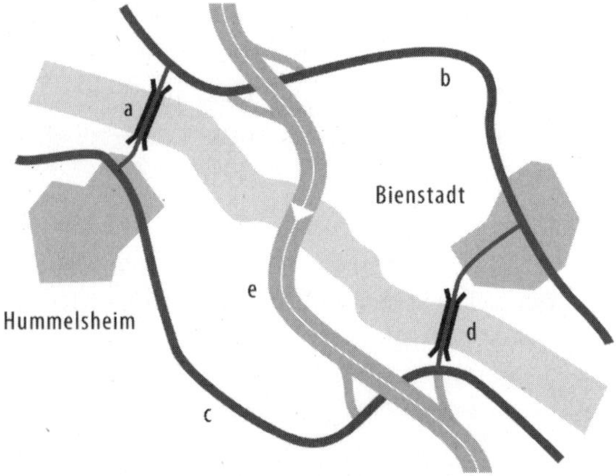

Natürlich überlegen einige Hummelsheimer Autofahrer sofort, ob sie ihren täglichen Weg zur Arbeit nicht verkürzen können, indem sie die Autobahn nutzen. Das geht nur mit drei Flussquerungen: zunächst über die Brücke bei a, dann auf die Autobahn e, und schließlich über die Brücke d nach Bienstadt. Trotzdem ist die Strecke verlockend: Denn für das kurze Stück Autobahn braucht man nur 7,5 Minuten. Wenn man dann noch wie bisher in 5 Minuten über jede der beiden Brücken käme, könnte man glatt schneller sein als bisher: Gesamtfahrzeit 17,5 Minuten.

Für die ersten Wechsler geht die Rechnung auch auf. Immer mehr Fahrer nehmen die neue Route, und bald gibt es drei Gruppen von Pendlern, die jeweils eine der Strecken fahren. Bei Gesprächen im Wirtshaus stellt sich nun aber heraus: Es hat sich zwar ein Gleichgewicht eingestellt, wieder brauchen alle Fahrer gleich lang – aber alle brauchen länger als vorher!

Um dieses paradoxe Ergebnis zu berechnen, braucht man drei Unbekannte – neben den Zahlen x und y von oben noch die Zahl z der Fahrer, die die Route a–e–d nehmen.

Die Gleichungen sehen auch etwas komplizierter aus. Die Summe aus allen Unbekannten ist wieder 1000:

$$x + y + z = 1000 \quad (1)$$

Die Fahrzeiten berechnen sich nun aber etwas anders: Über die Brücke a fahren ja nicht nur die x Fahrer, die die Traditionsstrecke gewählt haben, sondern auch die z Fahrer auf der neuen Strecke. Dasselbe gilt für die Brücke d, dort wollen $y + z$ Fahrer rüber. Außerdem soll für alle Fahrer die Fahrzeit gleich sein:

$$\frac{x+z}{100} + 15 = \frac{y+z}{100} + 15 = \frac{x+z}{100} + \frac{y+z}{100} + 7{,}5$$

Der letzte Ausdruck ist die Fahrzeit für die neue Strecke, bei der ja zwei Brücken überquert werden.

Drei Unbekannte – um die eindeutig zu bestimmen, braucht man eigentlich drei Gleichungen. Aber in der Gleichung 2 verstecken sich auch eigentlich zwei, nämlich

$$\frac{x+z}{100} + 15 = \frac{y+z}{100} + 15 \quad (2)$$

$$\frac{x+z}{100} + 15 = \frac{x+z}{100} + \frac{y+z}{100} + 7{,}5 \quad (3)$$

Lineare Gleichungssysteme – dafür lernt man in der Schule so einige Lösungsmethoden. Hier verwenden wir eine, die immer funktioniert: Die Gleichungen werden jeweils nach einer Unbekannten aufgelöst, diese wird dann in die anderen Gleichungen eingesetzt, sodass man nach und nach die Unbekannten eliminiert, bis nur noch eine Gleichung mit einer Unbekannten übrig ist.
Um die Komplexität ein bisschen zu reduzieren, werden die Gleichungen 2 und 3 aber erst einmal radikal vereinfacht. Die Quintessenz von Gleichung 2 ist: Die Bedingungen für die beiden alten Fahrtrouten sind gleich, es werden also gleich viele Fahrer diese beiden Routen wählen.

$$x = y \quad (2)$$

Gleichung 3 lässt sich ein bisschen einfacher schreiben, die beiden Ausdrücke, in denen x vorkommt, heben sich auf:

$$15 = \frac{y+z}{100} + 7{,}5 \quad (3)$$

oder auch, ein bisschen umsortiert:

$$y + z = 750 \quad (3)$$

Noch einmal das ganze System aus drei Gleichungen:

$$x + y + z = 1000 \quad (1)$$

$$x = y \quad (2)$$

$$y + z = 750 \quad (3)$$

Das geht nun schon fast im Kopf. In Gleichung 3 kommt schon gar kein x mehr vor, deshalb eliminieren wir es aus den ersten beiden Gleichungen: Weil nach (2) x und y identisch sind, kann man in (1) x durch y ersetzen, und es bleibt

$$2y + z = 1000 \quad (1)\,(2)$$

Jetzt gibt es nur noch zwei Gleichungen mit den zwei Unbekannten y und z. Beide werden nach z aufgelöst:

$$z = 1000 - 2y \quad (1)\,(2)$$

$$z = 750 - y \quad (3)$$

Nun kann man auch noch z loswerden, und es bleibt nur noch eine Gleichung mit der Unbekannten y, in der Informationen aus allen 3 ursprünglichen Gleichungen stecken:

$$1000 - 2y = 750 - y \quad (1)\,(2)\,(3)$$

Auf beiden Seiten $2y$ addieren und 750 abziehen, voilà:

$$y = 250$$

Und relativ schnell sieht man, dass dann auch x den Wert 250 hat und z den Wert 500.

Der Autobahnneubau führt also dazu, dass die Hälfte der Fahrer sich für die neue, vermeintlich schnellere Route entscheidet. Der Verkehr verteilt sich nun auf drei Strecken, und man kann davon ausgehen, dass alle schneller ans Ziel kommen, oder? Die Fahrzeit ist auf allen drei Strecken gleich lang, sie wird in der ursprünglichen Gleichung (3) beschrieben. Man kann irgendeinen der drei Ausdrücke berechnen, zum Beispiel

$$\frac{x+z}{100} + 15 = \frac{750}{100} + 15 = 7{,}5 + 15 = 22{,}5$$

Große Überraschung: Auf allen drei Strecken brauchen die Autos nun 22,5 Minuten, 2,5 Minuten mehr als vor dem Bau der «Entlastungsstrecke»!

Was tun? Das Vernünftigste wäre, wenn die 500 Fahrer, die auf die Autobahn ausgewichen sind, ihre Entscheidung rückgängig machen und wieder die alte Strecke nehmen würden. Denn dann betrüge die Fahrzeit für alle wieder 20 Minuten. Aber es gibt hier keine kollektiven Entscheidungen, sondern nur einzelne. Und wenn ein einzelner Fahrer sich entscheidet, wieder auf die alte Route zu wechseln, dann wird die Fahrzeit für ihn nicht kürzer. Es gibt also keine «egoistischen» Motive für einen Wechsel, das System ist stabil.

Dieses Braess-Paradox ist durchaus nicht nur die spitzfindige Konstruktion eines Mathematikers. Es tritt dann auf, wenn es zwar eine tolle Entlastungsstrecke gibt, aber der Zugang zu ihr durch Engpässe führt. So mussten die Stuttgarter Stadtväter 1969 erleben, dass der aufwändige Umbau des Straßennetzes rund um den Schlossplatz zu mehr Staus führte. Den umgekehrten Effekt konnten die New Yorker erleben: Dort wurde 1990 die 42. Straße zeitweise gesperrt – und die Staus in der Umgebung gingen zurück. Heute ist das Phänomen den Straßenbauern gut bekannt, und sie simulieren die Verkehrsströme mit mathematischen Methoden, bevor der erste Spatenstich für die Entlastungsstraße getan wird.

«AUSGERECHNET» Ein Kind ist 21 Jahre jünger als seine Mutter. In 6 Jahren wird die Mutter fünfmal so alt wie das Kind sein. Wo ist der Vater?

Auflösung unter *www.rowohlt.de/mathematikverfuehrer*

KREISQUADRIERER

ODER WAHRHEIT PER GESETZ

Ein langer Tag geht für Professor Clarence Abiathar Waldo zu Ende. Seit dem frühen Morgen hat der Mathematiker, mit Mitte 30 noch jung für einen Universitätsprofessor, in Indianapolis mit Regierungsbeamten des US-Bundesstaats Indiana Gespräche geführt. Es ging um das jährliche Budget seiner Hochschule, der renommierten Purdue University in Lafayette.

Wir schreiben den 5. Februar 1897. Waldo ist auf dem Weg nach Hause und will das Statehouse gerade verlassen, als er durch die geschlossenen Türen des Sitzungssaals hört, dass im Abgeordnetenhaus noch heftig debattiert wird. Schlüsselwörter dringen an Waldos Ohr: «Quadratur des Kreises», «mathematisches Rätsel», «Zirkel und Lineal». Waldo vergisst seine Müdigkeit, betritt den Sitzungssaal und nimmt auf dem Zuschauerrang Platz.

«Der Fall ist einfach», sagt der Abgeordnete am Rednerpult. «Wenn wir dieses Gesetz verabschieden, das einen neuen korrekten Wert von π festschreibt, dann bietet uns der Autor an, seine Entdeckung kostenlos zu nutzen und in unseren Schulbüchern zu veröffentlichen, während alle anderen Nutzer ihm Tantiemen für die Nutzungsrechte bezahlen müssen.»

Ein neuer Wert für π? Der Mathematiker Waldo ist verdutzt. Die Kreiszahl, die das Verhältnis zwischen Umfang und Durchmesser eines Kreises angibt, ist eigentlich bekannt, und das schon seit dem Altertum. Inzwischen kennt man sogar weit über 30 Stellen hinter dem Komma: 3,14159... Hat jemand neue Stellen berechnet? Aber die schreibt man doch nicht in ein Gesetz. Und Lizenzgebühren für mathematische Erkenntnisse? Davon hat Waldo nie gehört.

Noch ehe er sich informieren kann, worum es geht, lässt der Speaker schon abstimmen. Das neue Gesetz wird mit 67 zu 0 Stimmen angenommen. In der nachfolgenden Pause strömen die Volksvertreter in die Lobby. Waldo nutzt die Gelegenheit, um sich kundig zu machen. Taylor Record, ein Farmer und Holzfäller, ist der Abgeordnete, der das Gesetz eingebracht hat. Er gibt freimütig zu, von der Sache nichts zu verstehen. Doch der Arzt Edwin J. Goodwin aus dem Städtchen Solitude in seinem Wahlbezirk, der habe ihm versichert, dass seine Entdeckung bahnbrechend sei und er dem Bundesstaat Indiana die einmalige Chance biete, kostenlos davon Gebrauch zu machen, sofern «die Wahrheit ein für alle Mal im Gesetz festgeschrieben würde».

Waldo lässt sich den Gesetzestext zeigen. Er wimmelt von Fachausdrücken, doch der Mathematiker bleibt davon unbeeindruckt. Von der Quadratur des Kreises ist die Rede, von der Dreiteilung des Winkels und der Verdoppelung des Würfels – klassische, unlösbare Probleme der Mathematik.

Für die Quadratur des Kreises – also die Konstruktion eines Quadrats, das den gleichen Flächeninhalt besitzt wie ein Kreis – hat der deutsche Mathematiker Carl Louis Ferdinand von Lindemann bereits vor 15 Jahren bewiesen, dass sie mit Zirkel und Lineal nicht möglich ist. Ein Grund: Die Kreiszahl π ist nicht nur irrational, sondern sogar transzendent (siehe Anhang S. 221). In Waldos Büro liegen einige Briefe von kauzigen Kreisquadrierern wie Goodwin, die glauben, das Unmögliche möglich machen zu können. Auf die dreiste Idee, seine Entdeckung per Gesetz festzuschreiben, ist allerdings noch niemand gekommen.

Die Paragraphen des Gesetzentwurfs weisen Lücken auf, widersprechen sich auch. Und dann der Schlüsselsatz: «Das Verhältnis von Durchmesser und Umfang (des Kreises) beträgt fünf Viertel zu vier.» Das würde bedeuten, dass π, also das umgekehrte Verhältnis, 4 zu 5/4 betrüge, also 16/5 oder 3,2!

Offenbar hat dieser Unsinn mehrere Ausschüsse des Parlaments unbeanstandet passiert, ohne dass eine kritische Stimme laut wurde. «Das seltsamste Gesetz, dass je in Indiana verabschiedet wurde», schrieb der «Indianapolis Sentinel».

Bauern, alles Bauern, denkt Waldo, als der Abgeordnete Record auf ihn zustürmt.

«Ein Genie, dieser Goodwin!», ruft der Abgeordnete euphorisch, «und so großzügig. Ich kann Sie mit ihm bekannt machen, wenn Sie wollen. Er wird Ihnen sicherlich seine Erkenntnisse erläutern.»

«Danke», antwortet Waldo trocken, «ich kenne schon genug Verrückte.»

Waldos Worte haben mehrere der Umstehenden gehört, und sie wollen wissen, was der Professor damit meint. «Sie sind gerade dabei, sich für die nächsten hundert Jahre zum Gespött der wissenschaftlichen Welt zu machen», sagt Waldo. «Zum Glück muss ja der Senat noch zustimmen. Ich kann Ihnen heute Abend gern in einem kleinen Geometrie-Privatissimum demonstrieren, was für ein Nonsens ein solches Gesetz ist.»

Die Volksvertreter schweigen betreten. Ein Grüppchen findet sich später tatsächlich in einem Abgeordnetenbüro ein und lässt sich von Waldo über die Unmöglichkeit der Quadratur des Kreises und die Irrationalität von π belehren.

Einige Tage danach liegt der später als «Pi-Gesetz» bekannt gewordene Entwurf (in dem das Wort «Pi» kein einziges Mal vorkommt) der zweiten Kammer zur Entscheidung vor.

Innerhalb einer Woche ist die Stimmung umgeschlagen. Die «Indianapolis News» berichten tags darauf: «Die Senatoren scherzten über das Gesetz und machten sich darüber lustig. Der Spaß dauerte eine halbe Stunde. Senator Hubbell rügte, dass der Senat, der den Staat 250 Dollar pro Tag koste, seine Zeit mit solchem Unsinn verschwende.» Und das «Indianapolis Journal» höhnt: «Der Senat könne genauso gut per Gesetz dem Wasser befehlen, bergauf zu fließen.»

Immer noch setzt sich niemand inhaltlich mit Goodwins Kauderwelsch auseinander – man ist sich einig, dass solche Fragen nicht per Gesetz zu beantworten sind. Senator Hubbell beantragt, die Beschlussfassung über das Gesetz auf unbestimmte Zeit zu vertagen. Das «Pi-Gesetz» von Indiana verschwindet in der Schublade. Dort ruht es bis heute.

DIE BERÜHMTESTE IRRATIONALE ZAHL Die Goodwins dieser Welt sind immer noch nicht ausgestorben. Auch heute gibt es noch Menschen, die auf Hunderten mit Zeichnungen bekritzelten Seiten versuchen, den Kreis zu quadrieren, obwohl doch der theoretische Beweis für die Unmöglichkeit dieses Unterfangens lange erbracht ist.

«Konstruktion mit Zirkel und Lineal» – diese klassische Aufgabe bedeutet, dass man nur gerade Linien ziehen und Kreise schlagen kann (das Lineal hat keine Messskala!) und mit dem Zirkel Größen abgreifen kann. In der Sprache der Algebra ausgedrückt, lassen sich damit Zahlen addieren und multiplizieren, man kann den Kehrwert einer Zahl bilden und ihre Wurzel ziehen. Das Verhältnis von Umfang und Durchmesser eines Kreises, also die Zahl π, ist aber nicht nur eine irrationale Zahl, sondern auch eine sogenannte transzendente Zahl – sie lässt sich nicht als Lösung einer «algebraischen Gleichung» darstellen, in der nur natürliche Zahlen, ihre Potenzen und Wurzeln vorkommen. Anders also als etwa die Wurzel aus 2, die auch hinter dem Komma unendlich viele, sich nicht wiederholende Ziffern hat, die sich aber als Lösung der Gleichung $x^2 = 2$ darstellen lässt.

Wie aber kann man π berechnen, wenn es keine entsprechende Gleichung dafür gibt? In der Frühzeit hat man einfach möglichst saubere Kreise gezeichnet und sie vermessen. Schon bei den Ägyptern und Babyloniern gab es rationale Näherungswerte für π: etwa $\frac{25}{8}$ oder $\frac{256}{81}$.

Die ersten systematischen Berechnungen für π stammen von Archimedes. Der bemerkte Folgendes: Wenn man zwei regelmäßige Vielecke, etwa zwei Quadrate, so zeichnet, dass das kleinere mit seinen Ecken genau auf dem Kreis liegt und das größere mit seinen Seiten den Kreis von außen berührt, dann quetscht man den Kreis immer weiter ein – der Unterschied zwischen Außen- und Innenfigur wird immer kleiner, und wenn man den Mittelwert der beiden Umfänge berechnet, nähert man sich π zwangsläufig immer mehr. Im Bild sieht man: Der graue «Fehlerbereich» wird mit wachsender Eckenzahl immer kleiner.

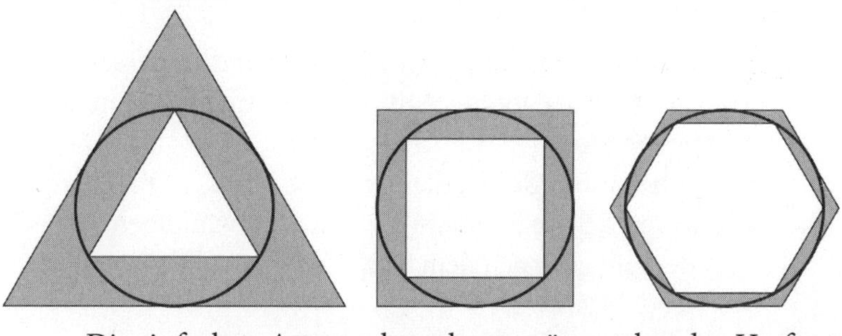

Die einfachste Art, π zu berechnen, wäre es also, den Umfang von einem n-Eck mit möglichst großem n zu berechnen. Leider ist das nicht so einfach – für die meisten dieser sogenannten Polygone gibt es keine einfache algebraische Formel, man kommt nicht ohne Sinus und Cosinus aus.

Allerdings wusste schon Archimedes, dass man, wenn man den Umfang eines n-Ecks kennt, ziemlich leicht den Umfang eines 2n-Ecks berechnen kann. Dazu muss man nur ein bisschen mit dem Satz des Pythagoras herumrechnen.
Man betrachtet einen Kreis mit dem Radius 1, der Umfang ist dann 2π. Die Seitenlänge und damit der Umfang eines n-Ecks sei bereits bekannt, nun wird jeder der n Innenwinkel noch einmal halbiert, sodass man ein $2n$-Eck erhält.

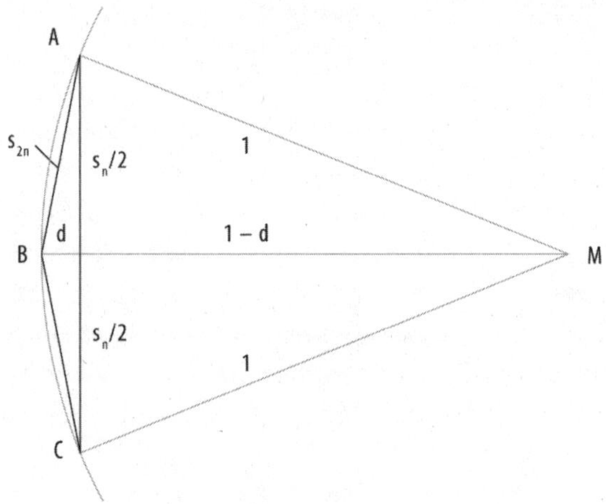

Die Figur erinnert an einen Drachen, und in dessen Mitte kreuzen sich der Radius MB und die Strecke AC in einem rechten Winkel.
Die unbekannte Größe, die wir suchen, ist s_{2n}. Diese Strecke ist die lange Seite in einem kleinen rechtwinkligen Dreieck, und deshalb gilt nach dem Satz des Pythagoras:

$$s_{2n}^{\;2} = \left(\frac{s_n}{2}\right)^2 + d^2$$

s_n soll bekannt sein, aber wie groß ist das kleine Stückchen d? Es kommt in der Form $1 - d$ auch in dem großen Dreieck vor, das ansonsten nur bekannte Größen enthält:

$$1 = \left(1 - d\right)^2 + \left(\frac{s_n}{2}\right)^2$$

Wenn man alles ausmultipliziert und ein bisschen sortiert, erhält man:

$$d^2 - 2d + \frac{s_n^{\ 2}}{4} = 0$$

Das lässt sich nun mit der Lösungsgleichung von S. 221 nach *d* auflösen:

$$d_{1,2} = 1 \pm \sqrt{1 - \frac{s_n^{\ 2}}{4}}$$

Die Gleichung hat zwei Lösungen, aber uns interessiert nur die mit dem Minuszeichen, weil *d* ja offensichtlich kleiner als 1 ist. Die Formel wird komplizierter, aber jetzt heißt es durchhalten. In der Gleichung für s_{2n} kommt d^2 vor, und das ist

$$d^2 = \left(1 - \sqrt{1 - \frac{s_n^{\ 2}}{4}}\right)^2 = 1 - 2 \cdot \sqrt{1 - \frac{s_n^{\ 2}}{4}} + 1 - \frac{s_n^{\ 2}}{4}$$
$$= 2 - 2 \cdot \sqrt{1 - \frac{s_n^{\ 2}}{4}} - \frac{s_n^{\ 2}}{4}$$

Zum Glück vereinfacht sich alles, wenn man es in die Formel für s_{2n} einsetzt:

$$s_{2n}^{\ 2} = \frac{s_n^{\ 2}}{4} + d^2 = \frac{s_n^{\ 2}}{4} + 2 - 2 \cdot \sqrt{1 - \frac{s_n^{\ 2}}{4}} - \frac{s_n^{\ 2}}{4}$$
$$= 2 - 2 \cdot \sqrt{1 - \frac{s_n^{\ 2}}{4}} = 2 - \sqrt{4 - s_n^{\ 2}}$$

Oder auch:

$$s_{2n} = \sqrt{2 - \sqrt{4 - {s_n}^2}}$$

Die ganze Zeit war die Rede davon, dass s_n als bekannt vorausgesetzt wird. Man beginnt also mit einem einfach zu berechnenden n-Eck, zum Beispiel mit $n = 4$.

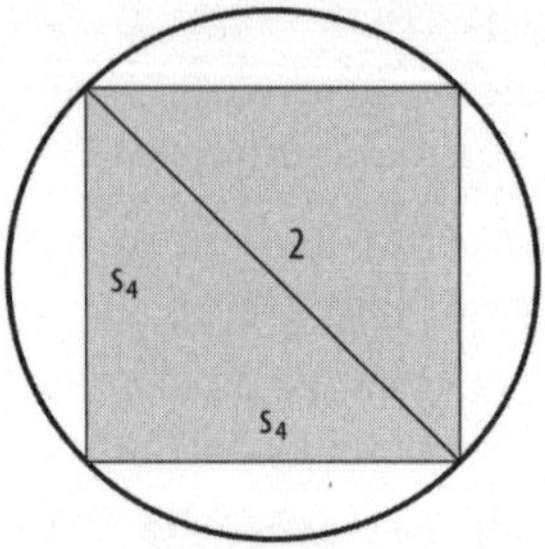

Hier gilt nämlich nach Pythagoras:

$${s_4}^2 + {s_4}^2 = 2^2$$

Und das heißt:

$${s_4}^2 = 2$$
$$s_4 = \sqrt{2}$$

Der halbe Umfang dieses Vierecks ist die erste Annäherung an π – und den erhält man, indem man die Seite mit 2 malnimmt:

$$U_4 = 2 \cdot \sqrt{2} = 2{,}828\ldots$$

Zugegeben, nicht sehr genau. Aber jetzt kann man nacheinander die Größen s_8, s_{16} und so weiter bestimmen und einsetzen:

$$U_8 = 4 \cdot \sqrt{2 - \sqrt{2}} = 3{,}061\ldots$$

$$U_{16} = 8 \cdot \sqrt{2 - \sqrt{2 + \sqrt{2}}} = 3{,}121\ldots$$

$$U_{32} = 16 \cdot \sqrt{2 - \sqrt{2 + \sqrt{2 + \sqrt{2}}}} = 3{,}136\ldots$$

Ein deutliches Muster! Es stehen immer mehr Zweien unter dieser «Kettenwurzel», und die Werte werden immer größer, aber sie bleiben stets kleiner als π (weil sich das Vieleck innerhalb des Kreises befindet), gleichzeitig kommen sie dem Wert von π beliebig nahe. In diesem Fall sagt man: π ist der Grenzwert dieser Folge. Man muss theoretisch nur immer weiter rechnen und erhält so beliebig viele Nachkommastellen von π. Leider nur theoretisch. Wenn man die Formel einmal probehalber in eine Excel-Tabelle eingibt, dann sieht man: Zunächst bekommt man immer mehr korrekte Nachkommastellen, irgendwann sind es acht Stellen hinter dem Komma. Dann aber wird das numerische Ergebnis größer als das «echte» π, was ja eigentlich nicht sein kann, einmal ergibt sich der Wert 4, und irgendwann kommt plötzlich nur noch 0 heraus.

Was ist da passiert? Die Seiten der *n*-Ecke werden immer kürzer. In dem Ausdruck

$$s_{2n} = \sqrt{2 - \sqrt{4 - {s_n}^2}}$$

steht unter der hinteren Wurzel eine Zahl, die nur ein winziges bisschen kleiner ist als 4. Also ist der gesamte Ausdruck immer näher an Null. Das soll ja auch so sein, weil die Seiten immer kürzer werden – sie werden ja auch mit einer immer größeren Zahl multipliziert. Irgendwann aber rundet der Computer, weil er nur mit einer begrenzten Zahl von Stellen rechnet, den Wert zu Null ab. Und dann kann man ihn mit noch so viel malnehmen, er bleibt Null.

Es gibt Folgen, die gegen π konvergieren und nicht so anfällig für Rundungsfehler sind wie diese hier. Aber immerhin – wir haben mit sehr einfachen mathematischen Mitteln π auf 8 Stellen hinter dem Komma bestimmt!

π lässt sich auch als unendliche Reihe darstellen, also als eine Summe von unendlich vielen Summanden. Gottfried Wilhelm Leibniz (1646–1716) fand die folgende Reihe:

$$\frac{\pi}{4} = 1 - \frac{1}{3} + \frac{1}{5} - \frac{1}{7} + \frac{1}{9} - \frac{1}{11} + \frac{1}{13} - \frac{1}{15} + \ldots$$

Also die Kehrwerte aller ungeraden Zahlen, abwechselnd mit einem Plus- und einem Minuszeichen versehen. (Das ist wichtig – stünden da nur Pluszeichen, so würde die Summe ins Unendliche wachsen!)

Wer sich über diese Darstellung von π wundert, der staunt wahrscheinlich noch viel mehr, wenn er sieht, was Leonhard Euler (1707–1783) daraus gemacht hat – und dadurch einen seltsamen Zusammenhang zwischen π und den Primzahlen aufgezeigt hat.

Euler bezeichnet die obige Reihe für π mit *A*. Dann teilt er die ganze Sache durch 3:

$$\frac{1}{3}A = \frac{1}{3} - \frac{1}{9} + \frac{1}{15} - \frac{1}{21} + \frac{1}{27} - \frac{1}{33} + \frac{1}{39} - \frac{1}{45} + \ldots$$

Jetzt werden die beiden Folgen addiert – es fällt auf, dass die Glieder in der unteren Folge alle mit umgekehrten Vorzeichen in der oberen vorkommen. Es fallen also alle Glieder weg, deren Nenner durch 3 teilbar ist.

$$\left(1 + \frac{1}{3}\right) \cdot A = 1 + \frac{1}{5} - \frac{1}{7} - \frac{1}{11} + \frac{1}{13} + \frac{1}{17} - \frac{1}{19} - \frac{1}{23} \ldots$$

Diese Folge nennt Euler *B*, und dieses *B* teilt er nun durch 5:

$$\frac{1}{5}B = \frac{1}{5} + \frac{1}{25} - \frac{1}{35} - \frac{1}{55} + \frac{1}{65} + \frac{1}{85} - \frac{1}{95} - \frac{1}{115} \dots$$

Diese neue Folge wird von B subtrahiert, um die Glieder mit 5 loszuwerden:

$$C = \left(1 - \frac{1}{5}\right) \cdot B = 1 - \frac{1}{7} - \frac{1}{11} + \frac{1}{13} + \frac{1}{17} - \frac{1}{19} - \frac{1}{23} \dots$$

Das geht nun so weiter, Primzahl für Primzahl:

$$D = \left(1 + \frac{1}{7}\right) \cdot C$$

$$E = \left(1 + \frac{1}{11}\right) \cdot D$$

$$F = \left(1 - \frac{1}{13}\right) \cdot E$$

$$\dots$$

Die Vorzeichen folgen dabei der Regel: Wenn die Primzahl p ein Vielfaches von 4 minus 1 ist, dann heißt der Faktor

$$\left(1 + \frac{1}{p}\right)$$

sonst

$$\left(1 - \frac{1}{p}\right)$$

«Schafft man in derselben Weise auch alle übrigen durch die verschiedenen Primzahlen teilbaren Zahlen weg, so ergibt sich schließlich 1», schreibt Euler. Denn jede ungerade Zahl ist ja entweder das Vielfache einer Primzahl oder selber eine Primzahl.

Die Buchstaben *B, C, D* ... waren ja nur Hilfsvariablen, wenn man alles wieder einsetzt, steht da schließlich:

$$A \cdot \left(1+\frac{1}{3}\right) \cdot \left(1-\frac{1}{5}\right) \cdot \left(1+\frac{1}{7}\right) \cdot \left(1+\frac{1}{11}\right) \cdot \left(1-\frac{1}{13}\right) \ldots = 1$$

Die Brüche in den Klammern kann man umformen, und *A* war ja $\pi/4$:

$$\frac{\pi}{4} \cdot \left(\frac{3+1}{3}\right) \cdot \left(\frac{5-1}{5}\right) \cdot \left(\frac{7+1}{7}\right) \cdot \left(\frac{11+1}{11}\right) \cdot \left(\frac{13-1}{13}\right) \cdot \ldots = 1$$

Jetzt muss man nur noch alle Brüche auf die andere Seite bringen, indem man mit ihrem Kehrwert multipliziert, und mit 4 malnehmen – schon hat man eine Gleichung für π:

$$\pi = 4 \cdot \left(\frac{3}{3+1}\right) \cdot \left(\frac{5}{5-1}\right) \cdot \left(\frac{7}{7+1}\right) \cdot \left(\frac{11}{11+1}\right) \cdot \left(\frac{13}{13-1}\right) \cdot \ldots$$

Ist das nicht seltsam? Da steht auf der einen Seite π, die Kreiszahl, also ein Objekt aus der Geometrie, das seit Jahrtausenden für die praktische Vermessung von Kreisen verwendet wird – und auf der anderen Seite stehen die Primzahlen, jene nicht minder faszinierenden Grundelemente der Zahlentheorie. Und die beiden haben miteinander zu tun! Seit Euler sind viele dieser Zusammenhänge gefunden worden, in denen zwischen zwei scheinbar unverwandten Gebieten der Mathematik plötzlich ein Zusammenhang hergestellt wird.

«AUSGERECHNET» Ein ca. 40 000 Kilometer langes Band wird eng anliegend um den Äquator geschlungen. Wenn man es um einen Meter verlängert – sitzt es dann locker genug, dass eine Maus drunter durchkriechen kann?
Auflösung unter *www.rowohlt.de/mathematikverfuehrer*

ANHANG

MERKSACHEN

Die Mathematik ist ein weitläufiges Gebiet mit vielen Unterdisziplinen, und jede von denen hat Hunderte von Sätzen und Formeln. Trotzdem gibt es ein paar zentrale Formeln, Begriffe und Regeln, die einem immer wieder begegnen. Zum Beispiel der Satz des Pythagoras: In fast allen grundlegenden Sätzen der elementaren Geometrie und in fast allen praktischen geometrischen Aufgaben versteckt er sich irgendwo.
Wenn man diese wenigen Dinge verstanden hat und sie sich merkt, ist man für den größten Teil der Mathematik gewappnet. Vollständig ist die Liste nicht – es fehlen zum Beispiel die Integralrechnung und die Trigonometrie, die ein wenig über den Horizont dieses Buches hinausgehen.

BINOMISCHE FORMELN Wenn man das Quadrat einer Summe bildet, also $(a + b)^2$, dann schreiben viele dafür $a^2 + b^2$ – ein verbreiteter Schülerfehler. In Wirklichkeit ist das Quadrat einer Summe größer als die Summe der Quadrate! Um wie viel, sagt die erste binomische Formel.
Man kann diese Formel (und ihre beiden Geschwister) algebraisch herleiten, indem man die Klammern $(a + b) \cdot (a + b)$ ausmultipliziert, nach dem Distributivgesetz. Man kann sich die Sache aber auch geometrisch vorstellen, dann versteht man es vielleicht besser.

1. Binomische Formel:

$$(a+b)^2 = a^2 + 2ab + b^2$$

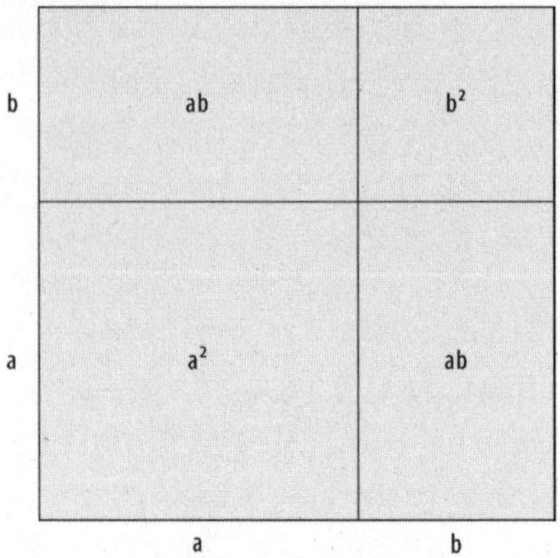

Gesucht ist die graue Fläche, und sie setzt sich zusammen aus den beiden Quadraten von *a* und *b* sowie zweimal dem Rechteck *ab* – eigentlich ganz einfach, oder?

2. Binomische Formel:

$$(a-b)^2 = a^2 - 2ab + b^2$$

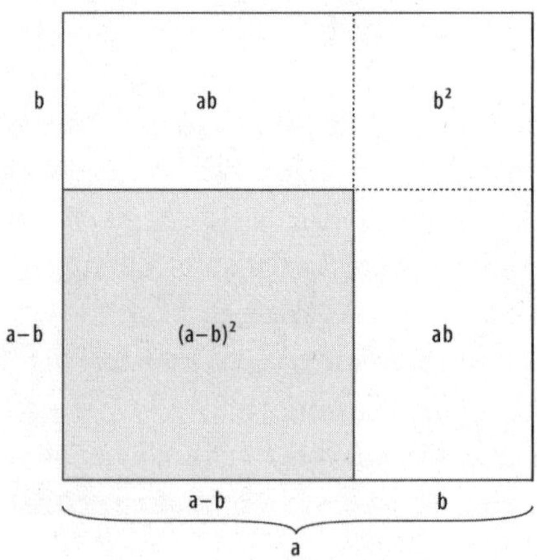

Die Zeichnung sieht ähnlich aus, aber jetzt sind die Seiten anders beschriftet – *a* ist nun die Seitenlänge des gesamten Quadrats ($a \cdot a = a^2$). Gesucht ist wieder die graue Fläche. Sie erhält man, indem man von dem großen Quadrat (a^2) zweimal den Streifen *ab* abzieht. Diese beiden Streifen überlappen sich aber in der oberen rechten Ecke, deshalb hat man die einmal zu viel subtrahiert – und muss noch einmal b^2 addieren.

3. Binomische Formel:

$$(a+b) \cdot (a-b) = a^2 - b^2$$

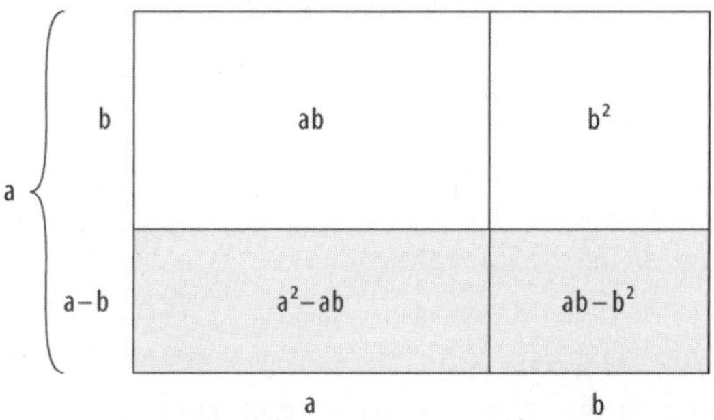

b wird einmal von *a* abgezogen und einmal zu *a* addiert. Gesucht ist also der längliche graue Streifen. Den erhält man, indem man vom Gesamtquadrat (a^2) das Rechteck *ab* abzieht und von *ab* das Quadrat b^2. Die beiden Rechtecke *ab* heben sich auf, es bleibt $a^2 - b^2$ übrig.

QUADRATISCHE GLEICHUNGEN Gleichungen, in denen eine Unbekannte *x* in quadratischer Form vorkommt, sind nicht so einfach zu lösen wie lineare Gleichungen, in denen *x* ohne Exponent steht.

In der Praxis kommen quadratische Gleichungen so oft vor, dass es sich lohnt, die Formel für die beiden Lösungen auswendig zu lernen.

Um eine quadratische Gleichung zu lösen, bringt man sie zunächst einmal in die sogenannte Normalform. Das heißt, man schaufelt alle Terme auf eine Seite und sortiert sie nach x^2, x und Gliedern ohne Variable.
Beispiel: Aus der Gleichung

$$3x^2 + 12 - 6x = 10 + x^2 + 16x$$

wird dann zunächst

$$2x^2 - 22x + 2 = 0$$

und nach Division durch 2

$$x^2 - 11x + 1 = 0$$

Allgemein lautet die Normalform:

$$x^2 + px + q = 0$$

Graphisch dargestellt, ist die Kurve der Gleichung $y = x^2 + px + q$ eine Parabel, und gesucht sind die Stellen, wo sie die x-Achse schneidet, die sogenannten Nullstellen. Je nachdem, wo sie liegt, kann so eine Parabel eine, zwei oder auch gar keine Nullstellen haben – das hängt von den Werten von p und q ab.

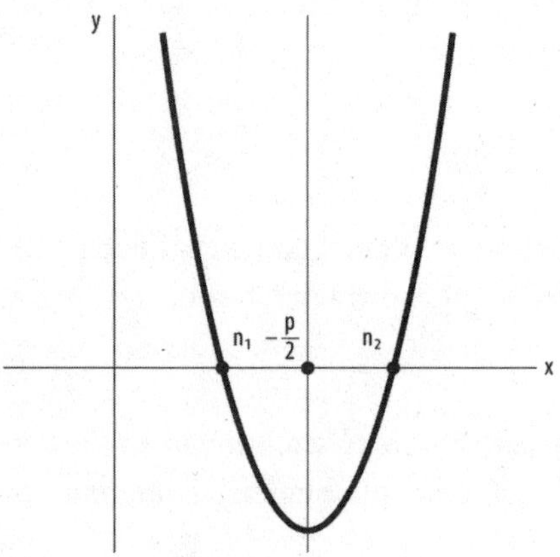

Die allgemeine Lösung für zwei Nullstellen ist:

$$n_{1,2} = -\frac{p}{2} \pm \sqrt{\left(\frac{p}{2}\right)^2 - q}$$

(Das bedeutet: Für n_1 setzt man in der Formel das Minuszeichen ein, für n_2 das Pluszeichen.)
Wenn der Ausdruck unter der Wurzel negativ ist, dann gibt es keine Lösung der Gleichung, wenn er positiv ist, gibt es zwei Lösungen, und wenn er Null ist, dann berührt die Parabel gerade die x-Achse, und es gibt genau eine Lösung. Für das Zahlenbeispiel weiter oben ergibt sich also die Lösung

$$n_{1,2} = \frac{11}{2} \pm \sqrt{\left(\frac{11}{2}\right)^2 - 1} = \frac{11}{2} \pm \sqrt{\frac{121-4}{4}} = \frac{11 \pm \sqrt{117}}{2}$$

Die Gleichung für die Parabel lässt sich dann auch in folgender Form schreiben:

$$x^2 + px + q = (x - n_1) \cdot (x - n_2)$$

Und wenn man die rechten beiden Klammern ausmultipliziert und die Terme sortiert, dann sieht man, dass für p und q gilt:

$$p = -(n_1 + n_2)$$
$$q = n_1 \cdot n_2$$

Diese beiden Gleichungen kann man gut als Probe benutzen, ob man sich bei den Lösungen nicht verrechnet hat!

DIE HIERARCHIE DER ZAHLEN Rationale Zahlen, reelle Zahlen, transzendente Zahlen – was war noch mit diesen unterschiedlichen Zahlenräumen gemeint? Es gibt eine Hierarchie in der Welt der Zahlen, und einer dieser Räume baut

auf dem anderen auf. Meistens wurden sie geschaffen, weil die Mathematiker einen Raum als zu begrenzt empfanden.
Eins, zwei, drei, vier, fünf, sechs, sieben – die Grundlage allen Rechnens sind die natürlichen Zahlen. Die hat sozusagen der liebe Gott geschaffen, wie der Mathematiker Leopold Kronecker einmal sagte, alles andere ist Menschenwerk. Zu ihnen wird auch manchmal die Null gezählt. Man kann sie addieren und miteinander malnehmen, es kommt immer wieder eine natürliche Zahl heraus. Nur subtrahieren kann man nicht beliebig; 5 minus 8 ergibt keine natürliche Zahl.
Um dem abzuhelfen, wurden die ganzen Zahlen erfunden. Sie umfassen neben den natürlichen die negativen ganzen Zahlen. In der Menge der ganzen Zahlen kann man beliebig addieren, subtrahieren und multiplizieren, aber nicht dividieren. 1 : 2 ergibt keine ganze Zahl. Deshalb erweitert man die ganzen Zahlen zu den rationalen Zahlen, die alle Brüche ganzer Zahlen umfassen. Einzige Ausnahme: Durch 0 darf man nicht teilen! (Die rationalen Zahlen lassen sich nicht in einer Weise erweitern, dass die Division durch 0 möglich ist.) Alle vier Grundrechenarten sind also fast unbeschränkt ausführbar. Wenn man rationale Zahlen als Dezimalbruch darstellt (also als «Kommazahl»), dann steht hinter dem Komma entweder eine endliche Zahl von Ziffern, oder eine Zahlengruppe wiederholt sich periodisch, wie bei $\frac{1}{3} = 0{,}3333\ldots$
Sobald man aber Wurzeln ziehen will, stößt man bei den rationalen Zahlen an seine Grenzen. Die Wurzel aus 2 ist keine rationale Zahl, wie schon die Pythagoreer schmerzhaft erfahren mussten (siehe S. 96).
Die nächste Erweiterungsstufe sind die algebraischen Zahlen. Sie kann man sich vorstellen als die rationalen Zahlen, erweitert um Wurzeln aller Art und um alle Kombinationen davon. (Allerdings kann man aus negativen Zahlen keine Quadrat-

wurzeln ziehen!). Aber damit ist die Geschichte noch nicht zu Ende. Es gibt Folgen von algebraischen Zahlen, die auf einen Grenzwert zulaufen – aber dieser Wert ist selbst keine algebraische Zahl. Beispiele sind π (siehe S. 205) und *e* (siehe S. 146). Die Dezimaldarstellung dieser transzendenten Zahlen unterscheidet sich auf den ersten Blick nicht von den irrationalen Wurzeln: Auch hier steht eine unendliche, scheinbar regellose Reihe von Zahlen hinter dem Komma.

Wenn man die algebraischen Zahlen um die transzendenten erweitert, erhält man schließlich die reellen Zahlen. Sie umfassen praktisch alle Punkte, die auf der Zahlengeraden liegen, und man kann mit ihnen fast unbeschränkt rechnen – verboten sind weiterhin die Division durch 0 und das Ziehen von Wurzeln aus negativen Zahlen.

Wenn man Letzteres erlaubt und eine Zahl *i* definiert als die Wurzel aus –1 (damit kann man aus jeder beliebigen negativen Zahl die Wurzel ziehen), dann erhält man die sogenannten komplexen Zahlen. Die werden aber meist erst im Mathematikstudium behandelt.

POTENZEN UND LOGARITHMEN Eine Zahl mit einer ganzen Zahl *n* potenzieren heißt ganz einfach: sie *n*-mal mit sich selbst malnehmen. Also

$$x^n = \underbrace{x \cdot x \cdot \ldots \cdot x}_{n\text{-mal}}$$

Man kann Potenzen aber auch für Exponenten definieren, die keine natürlichen Zahlen sind. Dazu sagt man erst einmal, was aus *x* wird, wenn der Exponent negativ ist:

$$x^{-n} = \frac{1}{x^n}$$

Auch für Brüche sind Potenzen definiert:

$$x^{1/n} = \sqrt[n]{x}$$

Diese Definitionen sind so gewählt, dass die Rechengesetze für Potenzen erhalten bleiben, nämlich

$$x^n \cdot x^m = x^{m+n}$$
$$\left(x^n\right)^m = x^{m \cdot n}$$

Potenzen sind damit für alle rationalen Exponenten definiert, denn es ist

$$x^{\frac{p}{q}} = x^{p \cdot \frac{1}{q}} = \left(x^p\right)^{\frac{1}{q}} = \sqrt[q]{x^p}$$

Potenzen haben den Vorteil, dass man leichter mit ihnen rechnen kann (das Multiplizieren wird aufs Addieren reduziert). Das haben sich die Menschen in früheren Jahrhunderten zunutze gemacht, wenn sie mit Logarithmen gerechnet haben. «Logarithmieren» ist die Umkehrung des Potenzierens. Der «Logarithmus einer Zahl x zur Basis 10», geschrieben $\log(x)$, ist die Zahl, mit der man 10 potenzieren muss, um x zu erhalten. Diese Logarithmen hat man früher in großen Tabellenwerken nachgeschaut. Beispiel: Man will die Zahlen $x = 8\,564$ und $y = 7\,237$ multiplizieren. Dann rechnet man

$$8564 \cdot 7237 = 10^{\log(8564)} \cdot 10^{\log(7237)} = 10^{\log(8564) + \log(7237)}$$
$$= 10^{3{,}932 + 3{,}860} = + 10^{7{,}792} = 61\,944\,108$$

↑ Logarithmieren ↑ Ent-Logarithmieren

Dieses Ergebnis ist nicht korrekt – richtig wäre 61 977 668. Das liegt daran, dass die Logarithmen immer nur Näherungswerte sind. Aber es liegt für die meisten praktischen Zwecke nahe

genug am tatsächlichen Ergebnis (das Resultat wird natürlich genauer, wenn man mit mehr Stellen im Logarithmus rechnet). Ein Rechner früherer Jahrhunderte, der stets eine menschliche Person war, konnte bei komplizierten Berechnungen mit dieser Methode eine Menge Zeit sparen und trotzdem ein brauchbares Ergebnis bekommen.
Heute brauchen wir keine Logarithmentafeln mehr, weil jedes Handy über einen Taschenrechner verfügt. Trotzdem sind Logarithmen für uns immer noch sinnvoll, wenn wir mit großen Zahlen hantieren. Die bekommt man nämlich mit Logarithmen leichter in den Griff. Dazu ändern wir die Rechenmethode ein wenig ab und können Riesenzahlen sogar fast im Kopf malnehmen. Wenn es zum Beispiel um das Produkt 567 836 120 mal 6 732 987 geht, dann rechnet man

$$567\,836\,120 \cdot 6\,732\,987 \approx 5{,}7 \cdot 10^8 \cdot 6{,}7 \cdot 10^6$$
$$= 38{,}19 \cdot 10^{14} \approx 3{,}82 \cdot 10^{15} = 3\,820\,000\,000\,000\,000$$

Die Konvention: Vorn steht ein Faktor zwischen 1 und 10 und dahinter die entsprechende 10er-Potenz. Überall, wo das Zeichen «≈» steht, ist die Rechnung nicht exakt. Aber das ist hier auch gar nicht wichtig, man will ja nur die Größenordnung des Produkts wissen (siehe Kapitel 1).

RICHTIG ZÄHLEN Bei der Berechnung von Wahrscheinlichkeiten geht es darum, die Zahl der «günstigen» Ereignisse mit der Zahl der möglichen Ereignisse zu vergleichen. Man muss also zählen – und obwohl Zählen ja eigentlich ein simpler Vorgang ist, passieren dabei die meisten Fehler.
Fast alle diese Berechnungen kann man zurückführen auf vier einfache Fälle, die als das sogenannte «Urnenmodell» zusammengefasst werden. Es geht um nummerierte Kugeln, die man, ohne in das Gefäß hineinzuschauen, aus einer Urne zieht (fragen Sie mich nicht, warum das Ding «Urne» genannt

wird – in Wahl- oder Bestattungsurnen greift man ja eigentlich selten hinein). In dieser Urne befinden sich *n* Kugeln, und man zieht *k* davon heraus (*k* ist natürlich höchstens so groß wie *n*). Dabei gibt es zwei Ziehungsmethoden:

1. Nach jeder Ziehung wird die Kugel zurückgelegt.
2. Die gezogenen Kugeln bleiben draußen.

Das Ergebnis kann man auf unterschiedliche Weise interpretieren:

a. Die Reihenfolge der Ziehung ist wichtig.
b. Die Reihenfolge der Ziehung ist unwichtig.

Es gibt also vier Fälle, die gesondert zu untersuchen sind!

1a. Beispiel: Wie viele fünfstellige Zahlen gibt es, die nur aus den Ziffern 1 bis 4 bestehen?

Das kann man sich vorstellen als eine Urne mit 4 Kugeln (1 bis 4), aus der man fünfmal hintereinander eine Kugel zieht und sie wieder zurücklegt, die Reihenfolge ist natürlich wichtig. Für die erste Ziffer gibt es 4 Möglichkeiten, für die zweite, dritte, vierte und fünfte ebenfalls. Insgesamt sind das $4 \cdot 4 \cdot 4 \cdot 4 \cdot 4 = 1024$ Kombinationen (allgemein: n^k).

2a. Beispiel: 12 Läufer starten zu einem Rennen, die ersten drei bekommen eine Medaille (Gold, Silber, Bronze). Wie viele mögliche Medaillenverteilungen gibt es? In diesem Fall zieht man dreimal aus einer Urne mit 12 Kugeln, diesmal ohne Zurücklegen, und die Reihenfolge ist selbstverständlich wieder wichtig. Wenn man zuerst den Goldmedaillengewinner zieht, gibt es 12 Möglichkeiten, für Silber noch 11, und für Bronze 10. Macht $12 \cdot 11 \cdot 10 = 1320$ Kombinationen. Allgemein lautet die Lösung $n \cdot (n-1) \cdot \ldots \cdot (n-k+1)$. Dafür kann man auch schreiben

$$\frac{1 \cdot 2 \cdot \ldots \cdot n}{1 \cdot 2 \cdot \ldots \cdot (n-k)} = \frac{n!}{(n-k)!}$$

Das spricht sich «*n*-Fakultät durch (*n* – *k*)-Fakultät».

2b. Beispiel: Wie groß ist die Wahrscheinlichkeit für 6 Richtige im Lotto? In dem Fall ist klar, wie die Ziehung verläuft – nämlich genau wie im Fernsehen. In der Urne liegen 49 Kugeln, es wird 6-mal gezogen, und natürlich wird keine Kugel wieder zurückgelegt. Zunächst einmal berechnet man die Zahl der möglichen Ziehungen laut Abschnitt 2a: Bei der ersten Kugel gibt es 49 Möglichkeiten, dann 48 und so weiter. Macht, nach der Formel im letzten Abschnitt $^{49!}/_{43!}$ Möglichkeiten, etwa 10 Milliarden Fälle.

Aber nach der Ziehung sortiert die Lottofee die Kugeln um, der Einfachheit halber nach der Größe der Zahlen. Es kommt nämlich nicht auf die Reihenfolge an, in der die Kugeln gezogen wurden! Nehmen wir an, die gezogenen Zahlen sind 1, 3, 15, 16, 21, 47, 48 – auf wie viele Arten konnte dieses Ergebnis zustande kommen? Das bestimmt man wieder mit Formel 2a, nur dass diesmal n und k beide 6 sind – dann erhält man die Zahl aller «Permutationen» von 6 Zahlen: nämlich 6!. Durch diese Zahl muss man die 10 Milliarden teilen und heraus kommt

$$\frac{49!}{43! \cdot 6!} = 13\,983\,816$$

Das ist die Zahl der möglichen Ziehungen bei 6 aus 49 – und die Wahrscheinlichkeit, dass gerade meine Zahlenreihe gezogen wird, demzufolge etwa 1 zu 14 Millionen.

Weil eine solche Ziehung in vielen statistischen Problemen auftaucht, hat man dafür eine Schreibweise eingeführt, die man «*n* über *k*» ausspricht:

$$\binom{n}{k} = \frac{n!}{k! \cdot (n-k)!}$$

1b. Diesen Fall habe ich bis zuletzt aufgespart – man braucht ihn eigentlich nicht, bzw. er ist eine Quelle für Fehler. Ein mögliches Beispiel: Man würfelt mit zwei Würfeln auf einmal – wie viele verschiedene Ergebnisse gibt es? Das kann man auch so interpretieren, dass man 6 Kugeln in der Urne hat und zweimal eine herauszieht und zurücklegt, wobei die Reihenfolge keine Rolle spielt. Die allgemeine Formel dafür lautet (und ich begründe sie jetzt nicht):

$$\binom{n+k-1}{k} = \frac{(n+k-1)!}{k! \cdot (n-1)!}$$

Für $n = 6$ und $k = 2$ ergibt sich der Wert 21. Stimmt tatsächlich, wenn man sich die Kombinationen alle hinschreibt – 15 Paare verschiedener Zahlen und 6-mal ein «Pasch» mit gleichen Zahlen.

Die Fehlerquelle dabei ist: Die Wahrscheinlichkeit eines dieser Ergebnisse ist nicht $\frac{1}{21}$! Denn sie sind nicht gleich wahrscheinlich. Die Kombination (1,2) tritt doppelt so häufig auf wie der Pasch (1,1). Um die Wahrscheinlichkeit zu berechnen, muss man nämlich die beiden Würfel doch wieder unterscheiden und hat damit letztlich den Fall 1a: Es gibt 36 gleich wahrscheinliche Fälle. Und in zweien davon ist die Augenzahl 1 und 2, nur in einem der Pasch mit Einsen. Alles klar?

Zum Abschluss noch einmal die vier Formeln im Überblick:

	1. Mit Zurücklegen	2. Ohne Zurücklegen
a. Reihenfolge wichtig	n^k	$\frac{n!}{(n-k)!}$
b. Reihenfolge unwichtig	$\binom{n+k-1}{k}$	$\binom{n}{k}$

AUSGERECHNET: LÖSUNGEN

Hier folgen die reinen Auflösungen der über das Buch verteilten Aufgaben. Erläuterungen hierzu und die Lösungswege finden sich unter *www.rowohlt.de/mathematikverfuehrer*.

Seite 17 Wenn vier Menschen auf einem Quadratmeter stehen, dann hat jeder eine Fläche von 50 mal 50 Zentimeter für sich. Rechnet man das auf die Fläche des Bodensees um, dann passen 2,1 Milliarden Menschen darauf.
Seite 26 Ab 23 Personen ist die Wahrscheinlichkeit, dass mindestens zwei Geburtstage zusammenfallen, größer als 50 Prozent.
Seite 34 Winterdienst: Die 10 Schneepflüge schaffen die Arbeit in 9 Minuten. Whisky und Wasser: Es ist genauso viel Wasser im Whisky wie Whisky im Wasser!
Seite 46 Die Durchschnittsgeschwindigkeit ist nicht das arithmetische Mittel der beiden Geschwindigkeiten (10 km/h), sondern es ist

$$v = \frac{2 \cdot v_1 \cdot v_2}{v_1 + v_2} = 9{,}6$$

Seite 58 Es wird 420-mal geküsst, und 315-mal werden Hände geschüttelt. (Tipp: Wir gehen davon aus, dass Ehemann und Ehefrau zusammen nach Hause gehen und sich daher nicht voneinander verabschieden!)
Seite 69 Keiner hat recht. Alle drei Argumente haben etwas für sich – es gibt keine eindeutige «gerechte» Methode, den Sieger einer solchen Wahl zu bestimmen.
Seite 81 Wenn in 55 Prozent der Haushalte nur eine Person

lebt, dann leben in 45 Prozent der Haushalte mindestens zwei Personen. Damit ist der Anteil der allein Lebenden höchstens 55/145, etwa 38 Prozent.

Seite 95 Die Wahrscheinlichkeit ist 63,3 Prozent, dass mindestens einer seinen eigenen Mantel bekommt!

Seite 110

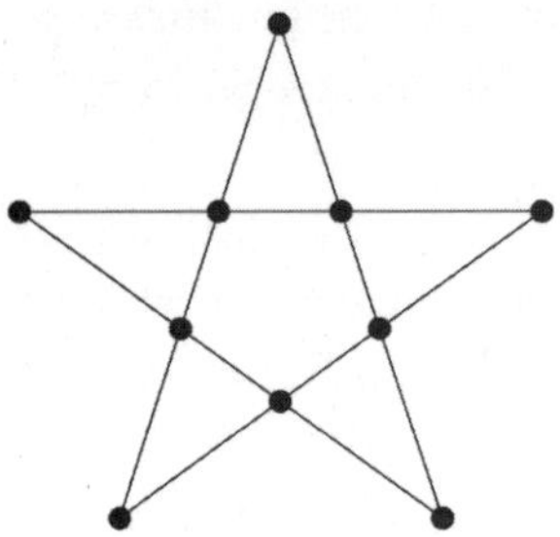

Seite 120 Weil Raucher früher sterben, erreichen von ihnen weniger überhaupt das 65. Lebensjahr. Deshalb ist die Gruppe der Nichtraucher «überaltert» und ihr Todesrisiko insgesamt höher.

Seite 136 Wenn die von Hasselhoff im Sand zurückgelegte Strecke s_1 ist und die im Wasser s_2, dann braucht der Retter insgesamt die Zeit

$$t = \frac{s_1}{5} + \frac{s_2}{2}$$

Ergebnis: Am besten läuft er fast bis zu dem Punkt, an dem die Wasserstrecke am kürzesten ist (genau gesagt: er sollte 7,80 Meter vorher ins Wasser gehen).

Seite 151 Man kann mit den Steinen eine beliebig große Entfernung überbrücken!

Seite 163 Dieser Sonntagsspaziergang ist unmöglich.

Seite 173 Der Fehler liegt in der Zeichnung. Der Punkt S liegt nämlich viel weiter oben – er würde gar nicht auf die Seite passen.

Seite 185 ▒ Wenn die Frequenz doppelt so hoch sein soll, dann muss das Rohr die ursprüngliche Länge geteilt durch Wurzel 2 haben.

Seite 204 ▒ Die Angaben führen zu einem Gleichungssystem mit zwei Unbekannten, und als Lösung für das Kindesalter kommt eine negative Zahl heraus – minus 9 Monate.

Seite 216 ▒ Verlängert man das Band um einen Meter, so wächst der Radius um ½ · π = 0,16 Meter. Das Band steht also rund um den Globus um 16 Zentimeter ab!

TANKSTELLENMÖRDER Die Beispiele mit dem Aids-Test und dem Taxi entstammen dem Buch «Der Schein der Weisen» von Hans-Peter Beck-Bornholdt und Hans-Hermann Dubben.

DURCHSCHNITTSVERDIENER Die Zahlen zur Einkommenssituation in Deutschland entstammen der Analyse «Entwicklung der personellen Einkommensverteilung in Deutschland», einem Auszug aus dem Jahresgutachten 2006/2007 des Sachverständigenrats zur Begutachtung der gesamtwirtschaftlichen Entwicklung.

HEIRATSPROBLEM Eine ausführliche Darstellung des «Sekretärinnenproblems»: «Strategien der besten Wahl» von F. Thomas Bruss (Spektrum der Wissenschaft, Mai 2004, S. 102–104).

DER ERRECHNETE WAHLSIEG Auf www.wahlrecht.de findet man viele Artikel zu Paradoxien unseres Wahlsystems. Dieser Website habe ich auch die Daten zur Bundestagswahl im Dresdner Wahlkreis entnommen.

DIE GEFÄLSCHTE SEMINARARBEIT Die echten gefälschten Werte der Regressionsanalyse entstammen der Arbeit «Not the First Digit! Using Benford's Law to Detect Fraudulent Scientific Data» von Andreas Diekmann von der ETH Zürich.

FAIRPLAY Die Roulettekugel fiel tatsächlich so, wie im Text beschrieben – und zwar an Tisch 10 im Spielcasino Hohensyburg am 10. 3. 2007. Das Casino archiviert sämtliche Permanenzen unter www.westspiel-casinos.info.

FRAUENFRAGEN Der Artikel über die scheinbare Frauendiskriminierung in Berkeley: «Sex Bias in Graduate Admissions: Data from Berkeley» (Science, Bd. 187, Nr. 4175 [1975], S. 398–404). Das Beispiel der amerikanischen Airlines entstammt dem Artikel «How Numbers Are Tricking You» von Arnold Barnett (Technology Review, Okt. 1994, S. 39–45).

MÄNNERPHANTASIEN Das Bierdosen- und das Beinproblem habe ich dem Buch «Mathematik ist überall» von Norbert Herrmann entnommen (Oldenbourg Verlag 2005).

ZEIT IST GELD Die Zahlen zur Katastrophe am Viktoriasee habe ich dem Artikel «Wasserhyazinthe – Fluch oder Chance» von Heide von Seggern von der Uni Bremen entnommen. Das diskrete Räuber-Beute-Modell, das ich erwähne, stammt von Franz Schoberleitner von der Pädagogischen Akademie des Bundes in Oberösterreich in Linz.

ROUTENPLANUNG Anregungen für dieses Kapitel, insbesondere die Näherungsmethoden, habe ich dem Artikel «Das Problem des Handlungsreisenden» von Joachim Jäger und Hans Schupp entnommen (mathematik lehren, Heft 81, S. 21–51).

IN DEN STRASSEN VON MANHATTAN Bei der Gerichtsverhandlung, die ich hier dargestellt habe, ging es um den Prozess «People v. James Robbins», der im Oktober/November 2005 vor dem Appellationsgericht des Staates New York stattfand.

KLINGENDE MATHEMATIK Bradley Lehman veröffentlichte seine Theorie des «Bach-Codes» in dem Artikel «Bach's extraordinary temperament: our Rosetta Stone» (Early Music, Bd. 23, Nr. 1 [2005]).

ALLES FLIESST? Grundlegende Überlegungen zur Mathematik des Staus fand ich in dem Artikel «Mathematik des Autoverkehrs» von Matthias Risch (Mathematisch-naturwissenschaftlicher Unterricht, Bd. 59, Nr. 7 [2006], S. 405–406).

KREISQUADRIERER Eine ausführliche Schilderung der Ereignisse um das Indiana-Pi-Gesetz habe ich auf der Website des Department for Agricultural Economics der Purdue University in Indiana gefunden. Die Darstellung von Pi als

Kettenwurzel fand ich in dem Artikel «Pi, e und Kettenwurzeln» von Clemens Hauser (Mathematisch-naturwissenschaftlicher Unterricht Bd. 56, Nr. 4 [2003], S. 201–203). Die seltsame Formel von Euler wird dargestellt in «Was hat die Kreiszahl π mit Primzahlen zu tun?» von Hermann Hammer (Mathematisch-naturwissenschaftlicher Unterricht Bd. 57, Nr. 4 [2004], S. 211–214).

INDEX

S 4/5

Christoph Drösser

Stimmt's, Herr Drösser, dass Ihre Bücher süchtig machen?

Stimmt's?
Moderne Legenden im Test
rororo 62750
«Bier auf Wein, das lass sein – Wein auf Bier, das rat ich dir.» Stimmt's? Alltagsweisheiten auf dem Prüfstand.

Stimmt's?
Noch mehr moderne Legenden im Test. rororo 60933

Stimmt's?
Neue moderne Legenden im Test
rororo 61489

Stimmt's?
Moderne Legenden im Test – Folge 4
rororo 62064

Stimmt's?
Moderne Legenden im Test – Folge 5
rororo 62310

Stimmt's?
Freche Fragen, Lügen und Legenden für clevere Kids
rororo 21310

Stimmt's?
Das große Buch der modernen Legenden
Das ultimative "Stimmt's?"-Buch: 100 neue «Legenden des Alltags» und die 200 schönsten, interessantesten und spannendsten "Stimmt's?"-Folgen aus 10 Jahren.

rororo 62628

Weitere Informationen in der Rowohlt Revue *oder unter* www.rororo.de